职业教育教学用书

Photoshop 图形图像处理 案例实训

赵艳莉 主 编

邹 溢 李 智 翟 岩 副主编

電子工業出版社
Publishing House of Electronics Industry
北京•BEIJING

内容简介

创意设计对设计工具的掌握与使用要求较高。本书是为广大学生与从事设计的人员编写的一本提高技术水平的实训教材，也是针对 Adobe Photoshop CC 2021（以下简称 Photoshop）的实用性、专业性及应用性而编写的项目式立体化教材。本书分为 7 个项目，每个项目均配有实训案例，其中，项目 3 ～项目 7 均提供了技术点评、技能检测。本书通过大量案例的实战演练来巩固所学内容。用实战案例来诠释理论知识是本书的特色。

本书既适合作为职业院校数字媒体技术应用专业、计算机应用专业学生的实训教材，又适合作为广大平面设计爱好者提升技术水平的参考用书。

图书在版编目（CIP）数据

Photoshop图形图像处理案例实训 / 赵艳莉主编. —北京：电子工业出版社，2024.4

ISBN 978-7-121-47706-5

Ⅰ.①P… Ⅱ.①赵… Ⅲ.①图像处理软件 Ⅳ.①TP391.413

中国国家版本馆CIP数据核字（2024）第077482号

责任编辑：郑小燕
印　　刷：天津千鹤文化传播有限公司
装　　订：天津千鹤文化传播有限公司
出版发行：电子工业出版社
　　　　　北京市海淀区万寿路173信箱　　邮编：100036
开　　本：880×1230　1/16　印张：10.25　字数：230千字
版　　次：2024年4月第1版
印　　次：2024年4月第1次印刷
定　　价：36.80元

凡所购买电子工业出版社图书有缺损问题，请向购买书店调换。若书店售缺，请与本社发行部联系，联系及邮购电话：（010）88254888，88258888。

质量投诉请发邮件至 zlts@phei.com.cn，盗版侵权举报请发邮件至dbqq@phei.com.cn。

本书咨询联系方式：（010）88254550，zhengxy@phei.com.cn。

前言

本书的主要特色是用实战案例来诠释理论知识，达到实用、专业的目的。

本书采用项目驱动、任务引领模式进行编排，针对培养目标和学生特点，在内容取舍上不求面面俱到，而是强调实用性、实战性和专业性，内容组织上与《Photoshop图形图像处理案例教程》的总体结构呼应和衔接。本书分为7个项目，其中：项目1 Photoshop概述，包括Photoshop的几种启动和退出方式；项目2 图像文件的基本操作，包括图像文件的打开、保存和调整方法；项目3 工具的使用，包括常用工具的使用技巧；项目4 浮动控制面板，包括图层的使用技巧和蒙版的处理技巧；项目5 平面与美学艺术，包括平面构成方法；项目6 数码图像的处理，包括几种数码图像的处理方法；项目7 案例实战，包括平面设计几种常用典型案例的制作技巧。

本书结构清晰、图文并茂，每个案例都配有操作视频。本书由赵艳莉担任主编，邹溢、李智、翟岩担任副主编；具体分工为：项目1和项目2由翟岩编写，项目3和项目6由邹溢编写，项目4和项目7由李智编写，项目5由赵艳莉编写。赵艳莉对全书进行统稿及审定。

本书中的“参考案例”均来自《Photoshop图形图像处理案例教程》。

由于编者水平有限，书中难免存在疏漏和不足之处，恳请广大读者批评指正。

为了方便教学，本书配备了丰富的教学资源，内容包括教学视频、电子课件、素材效果文件、技能检测答案。请有需要的用户登录华信教育资源网免费下载或与电子工业出版社联系以免费获取。

编　者

目录

项目 1　Photoshop 概述 …… 1

任务 1　启动 Photoshop …… 2

任务 2　退出 Photoshop …… 4

项目 2　图像文件的基本操作 …… 7

任务 1　操作图像文件 …… 8

任务 2　调整图像文件 …… 14

项目 3　工具的使用 …… 19

任务 1　使用选区 …… 20

任务 2　绘制卡通老虎 …… 24

任务 3　使用路径 …… 31

任务 4　制作古书效果 …… 35

任务 5　制作邮票效果 …… 43

任务 6　制作信封效果 …… 47

技术点评 …… 50

技能检测 …… 50

项目 4　浮动控制面板 …… 53

任务 1　图层蒙版的应用——制作文字穿插效果 …… 54

任务 2　动作的应用——制作艺术相框 …… 57

任务 3　通道的应用——制作积雪 …… 62

任务 4　图层样式的应用——制作文字压花效果 …… 65

技术点评 70
技能检测 70
项目 5 平面与美学艺术 71
任务 1 虚面的运用——设计标签 72
任务 2 面的虚实对比——设计艺术海报 79
任务 3 画面分割的运用——设计手机杂志广告 88
任务 4 画面平衡的运用——设计公益广告 94
技术点评 101
技能检测 101
项目 6 数码图像的处理 102
任务 1 抠取图像训练 103
任务 2 背景图片替换训练 106
任务 3 修复破损图像训练 108
任务 4 使用“液化”命令处理图像训练 113
技术点评 116
技能检测 117
项目 7 案例实战 119
任务 1 制作文字特效 120
任务 2 制作材质纹理 128
任务 3 制作特效 136
任务 4 绘画艺术 146
技术点评 156
技能检测 156

项目 1
Photoshop 概述

实训 - 任务单

实训编号	1- 任务 1	实训名称	启动 Photoshop
实训内容	俗话说“工欲善其事，必先利其器”，要想进行 Photoshop 图形图像处理，先要掌握 Photoshop 的启动方式		
实训目的	实践 Photoshop 的启动方式。通过该实践能够对 Photoshop 的启动方式有一个基本的了解		
设备环境	台式计算机或笔记本电脑，建议使用 Windows 10 以上操作系统		
知识点	Photoshop 的启动	技能	掌握 Photoshop 的启动方式
所在班级		小组成员	
实训难度	初级	指导教师	
实施地点		实施日期	年　月　日
实施步骤	（1）打开计算机 （2）通过“开始”菜单启动 Photoshop （3）通过桌面快捷方式启动 Photoshop （4）通过任务栏图标启动 Photoshop		
参考案例	Photoshop 的启动与退出		

当用户开机进入操作系统后，就可以启动 Photoshop 了，具体操作步骤如下。

1. 通过“开始”菜单启动 Photoshop

（1）进入操作系统后，单击“开始”按钮。

（2）在弹出的菜单中找到 Photoshop 图标，单击该图标即可启动 Photoshop。

2. 通过桌面快捷方式启动 Photoshop

双击桌面上的 Photoshop 快捷图标，如图 1-1 所示，即可启动 Photoshop。

图 1-1　Photoshop 快捷图标

3. 通过任务栏图标启动 Photoshop

（1）将 Photoshop 固定在任务栏上。进入操作系统后，单击“开始”按钮，在弹出的菜单中找到 Photoshop 图标，右击，在弹出的快捷菜单中选择“更多”→“固定到任务栏”命令，如图 1-2 所示，就可以在任务栏中看到 Photoshop 图标，如图 1-3 所示。

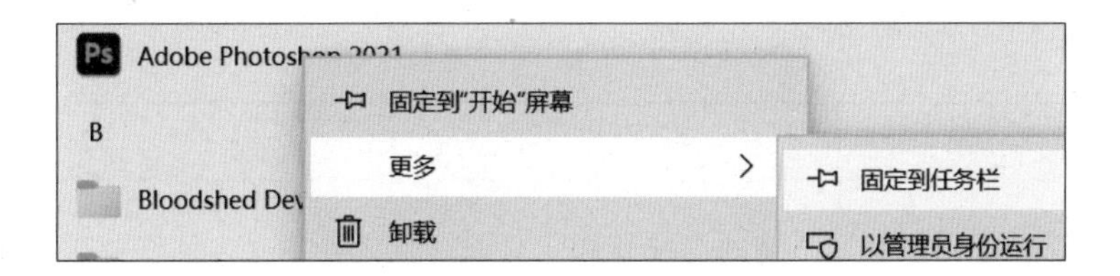

图 1-2 选择“固定到任务栏”命令

图 1-3 固定在任务栏中的 Photoshop 图标

（2）在任务栏中双击 Photoshop 图标即可快速启动 Photoshop。

实训 - 评价单

<table>
<tr><td colspan="2">实训编号</td><td colspan="2">1- 任务 1</td><td>实训名称</td><td colspan="2">启动 Photoshop</td></tr>
<tr><td colspan="4">评价项目</td><td>自评</td><td colspan="2">教师评价</td></tr>
<tr><td colspan="2" rowspan="3">课堂表现</td><td colspan="2">学习态度（20 分）</td><td></td><td colspan="2"></td></tr>
<tr><td colspan="2">课堂参与（10 分）</td><td></td><td colspan="2"></td></tr>
<tr><td colspan="2">团队合作（10 分）</td><td></td><td colspan="2"></td></tr>
<tr><td colspan="2" rowspan="3">技能操作</td><td colspan="2">通过“开始”菜单启动 Photoshop（20 分）</td><td></td><td colspan="2"></td></tr>
<tr><td colspan="2">通过桌面快捷方式启动 Photoshop（20 分）</td><td></td><td colspan="2"></td></tr>
<tr><td colspan="2">通过任务栏图标启动 Photoshop（20 分）</td><td></td><td colspan="2"></td></tr>
<tr><td colspan="2">评价时间</td><td colspan="2">年 月 日</td><td>教师签字</td><td colspan="2"></td></tr>
<tr><td colspan="7">评价等级划分</td></tr>
<tr><td colspan="2">项目</td><td>A</td><td>B</td><td>C</td><td>D</td><td>E</td></tr>
<tr><td rowspan="3">课堂表现</td><td>学习态度</td><td>在积极主动、虚心求教、自主学习、细致严谨上表现优秀</td><td>在积极主动、虚心求教、自主学习、细致严谨上表现良好</td><td>在积极主动、虚心求教、自主学习、细致严谨上表现较好</td><td>在积极主动、虚心求教、自主学习、细致严谨上表现尚可</td><td>在积极主动、虚心求教、自主学习、细致严谨上表现不佳</td></tr>
<tr><td>课堂参与</td><td>积极参与课堂活动，参与内容完成得很好</td><td>积极参与课堂活动，参与内容完成得好</td><td>积极参与课堂活动，参与内容完成得较好</td><td>能参与课堂活动，参与内容完成得一般</td><td>能参与课堂活动，参与内容完成得欠佳</td></tr>
<tr><td>团队合作</td><td>具有很强的团队合作能力、能与老师和同学进行沟通交流</td><td>具有良好的团队合作能力、能与老师和同学进行沟通交流</td><td>具有较好的团队合作能力、尚能与老师和同学进行沟通交流</td><td>具有与团队进行合作的能力、与老师和同学进行沟通交流的能力一般</td><td>不具有与团队进行合作的能力、不能与老师和同学进行沟通交流</td></tr>
</table>

续表

项目		A	B	C	D	E
技能操作	通过“开始”菜单启动Photoshop	能独立并熟练地完成	能独立并较熟练地完成	能在他人提示下顺利完成	能在他人帮助下完成	未能完成
	通过桌面快捷方式启动Photoshop	能独立并熟练地完成	能独立并较熟练地完成	能在他人提示下顺利完成	能在他人帮助下完成	未能完成
	通过任务栏图标启动Photoshop	能独立并熟练地完成	能独立并较熟练地完成	能在他人提示下顺利完成	能在他人帮助下完成	未能完成

实训 - 任务单

实训编号	1- 任务 2	实训名称	退出 Photoshop
实训内容	掌握 Photoshop 的退出方式		
实训目的	实践 Photoshop 的退出方式。通过该实践对 Photoshop 的退出方式有一个基本的了解		
设备环境	台式计算机或笔记本电脑，建议使用 Windows 10 以上操作系统		
知识点	Photoshop 的退出	技能	掌握 Photoshop 的退出方式
所在班级		小组成员	
实训难度	初级	指导教师	
实施地点		实施日期	年　月　日
实施步骤	（1）通过“文件”菜单退出 Photoshop （2）通过快速启动图标退出 Photoshop （3）通过“关闭”按钮退出 Photoshop		
参考案例	Photoshop 的启动与退出		

用户在使用 Photoshop 时，可以通过以下方式退出 Photoshop，具体操作步骤如下。

（1）通过“文件”菜单退出 Photoshop。选择“文件”→“退出”命令（或按快捷键 Ctrl+Q），即可退出 Photoshop。

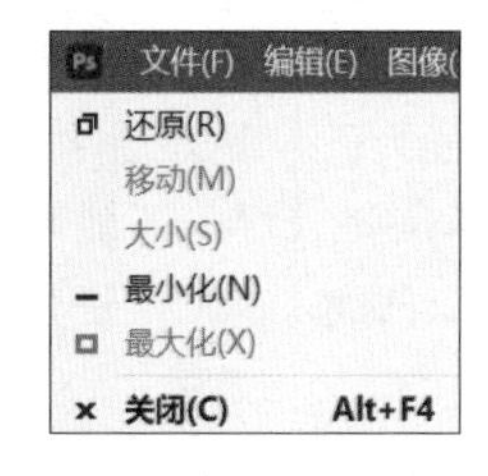

图 1-4　选择“关闭”命令

（2）通过快速启动图标退出 Photoshop。双击 Photoshop 窗口左上角的快速启动图标，在弹出的控制菜单中选择“关闭”命令（或按快捷键 Alt+F4），如图 1-4 所示，即可退出 Photoshop。

（3）通过“关闭”按钮退出 Photoshop。单击 Photoshop

窗口右上角的“关闭”按钮，直接关闭窗口，退出 Photoshop。

当通过上述方式退出 Photoshop 时，如果文件没有被保存，则会弹出一个保存文件提示对话框（见图 1-5），提示用户是否要保存文件。如果文件已经被保存，则会直接关闭程序。

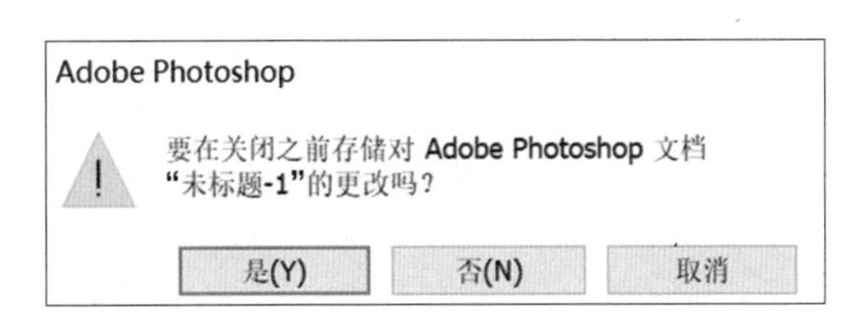

图 1-5　保存文件提示对话框

实训 - 评价单

<table>
<tr><td colspan="2">实训编号</td><td colspan="2">1- 任务 2</td><td>实训名称</td><td colspan="2">退出 Photoshop</td></tr>
<tr><td colspan="4">评价项目</td><td>自评</td><td colspan="2">教师评价</td></tr>
<tr><td colspan="2" rowspan="3">课堂表现</td><td colspan="2">学习态度（20 分）</td><td></td><td colspan="2"></td></tr>
<tr><td colspan="2">课堂参与（10 分）</td><td></td><td colspan="2"></td></tr>
<tr><td colspan="2">团队合作（10 分）</td><td></td><td colspan="2"></td></tr>
<tr><td colspan="2" rowspan="3">技能操作</td><td colspan="2">通过“文件”菜单退出 Photoshop（20 分）</td><td></td><td colspan="2"></td></tr>
<tr><td colspan="2">通过快速启动图标退出 Photoshop（20 分）</td><td></td><td colspan="2"></td></tr>
<tr><td colspan="2">通过“关闭”按钮退出 Photoshop（20 分）</td><td></td><td colspan="2"></td></tr>
<tr><td colspan="2">评价时间</td><td colspan="2">年　月　日</td><td>教师签字</td><td colspan="2"></td></tr>
<tr><td colspan="7">评价等级划分</td></tr>
<tr><td colspan="2">项目</td><td>A</td><td>B</td><td>C</td><td>D</td><td>E</td></tr>
<tr><td rowspan="3">课堂表现</td><td>学习态度</td><td>在积极主动、虚心求教、自主学习、细致严谨上表现优秀</td><td>在积极主动、虚心求教、自主学习、细致严谨上表现良好</td><td>在积极主动、虚心求教、自主学习、细致严谨上表现较好</td><td>在积极主动、虚心求教、自主学习、细致严谨上表现尚可</td><td>在积极主动、虚心求教、自主学习、细致严谨上表现不佳</td></tr>
<tr><td>课堂参与</td><td>积极参与课堂活动，参与内容完成得很好</td><td>积极参与课堂活动，参与内容完成得好</td><td>积极参与课堂活动，参与内容完成得较好</td><td>能参与课堂活动，参与内容完成得一般</td><td>能参与课堂活动，参与内容完成得欠佳</td></tr>
<tr><td>团队合作</td><td>具有很强的团队合作能力、能与老师和同学进行沟通交流</td><td>具有良好的团队合作能力、能与老师和同学进行沟通交流</td><td>具有较好的团队合作能力、尚能与老师和同学进行沟通交流</td><td>具有与团队进行合作的能力、与老师和同学进行沟通交流的能力一般</td><td>不具有与团队进行合作的能力、不能与老师和同学进行沟通交流</td></tr>
</table>

续表

项目		A	B	C	D	E
技能操作	通过“文件”菜单退出Photoshop	能独立并熟练地完成	能独立并较熟练地完成	能在他人提示下顺利完成	能在他人帮助下完成	未能完成
	通过快速启动图标退出Photoshop	能独立并熟练地完成	能独立并较熟练地完成	能在他人提示下顺利完成	能在他人帮助下完成	未能完成
	通过“关闭”按钮退出Photoshop	能独立并熟练地完成	能独立并较熟练地完成	能在他人提示下顺利完成	能在他人帮助下完成	未能完成

项目 2
图像文件的基本操作

实训 - 任务单

实训编号	2- 任务 1	实训名称	操作图像文件
实训内容	新建、打开、保存和关闭图像文件		
实训目的	实践几种新建、打开、保存和关闭图像文件的方法		
设备环境	台式计算机或笔记本电脑，建议使用 Windows 10 以上操作系统		
知识点	1. 新建图像文件 2. 打开图像文件 3. 保存图像文件 4. 关闭图像文件	技能	掌握新建、打开、保存和关闭图像文件的方法
所在班级		小组成员	
实训难度	初级	指导教师	
实施地点		实施日期	年 月 日
实施步骤	（1）打开 Photoshop 窗口 （2）新建一个图像文件 （3）打开指定的图像文件 （4）保存制作的图像文件 （5）关闭图像文件		
参考案例	任务 1 新建图像文件 任务 2 打开图像文件 任务 3 保存图像文件 任务 5 关闭图像文件		

1. 新建图像文件

（1）双击桌面上的快捷图标启动 Photoshop，即可打开 Photoshop 窗口。

（2）选择“文件”→“新建”命令或按快捷键 Ctrl+N，都可以弹出“新建文档”对话框，如图 2-1 所示。

（3）在“新建文档”对话框中，既可以选择“自定”选项创建图像文件，也可以根据所建图像文件的目的、用途和实际需要来使用预设文件。

（4）在“新建文档”对话框右侧“预设详细信息”中对各选项进行逐一设置，确定新建图像文件的尺寸、颜色模式和分辨率等信息。

（5）设置完各项参数后，单击“创建”按钮即可新建一个图像文件。

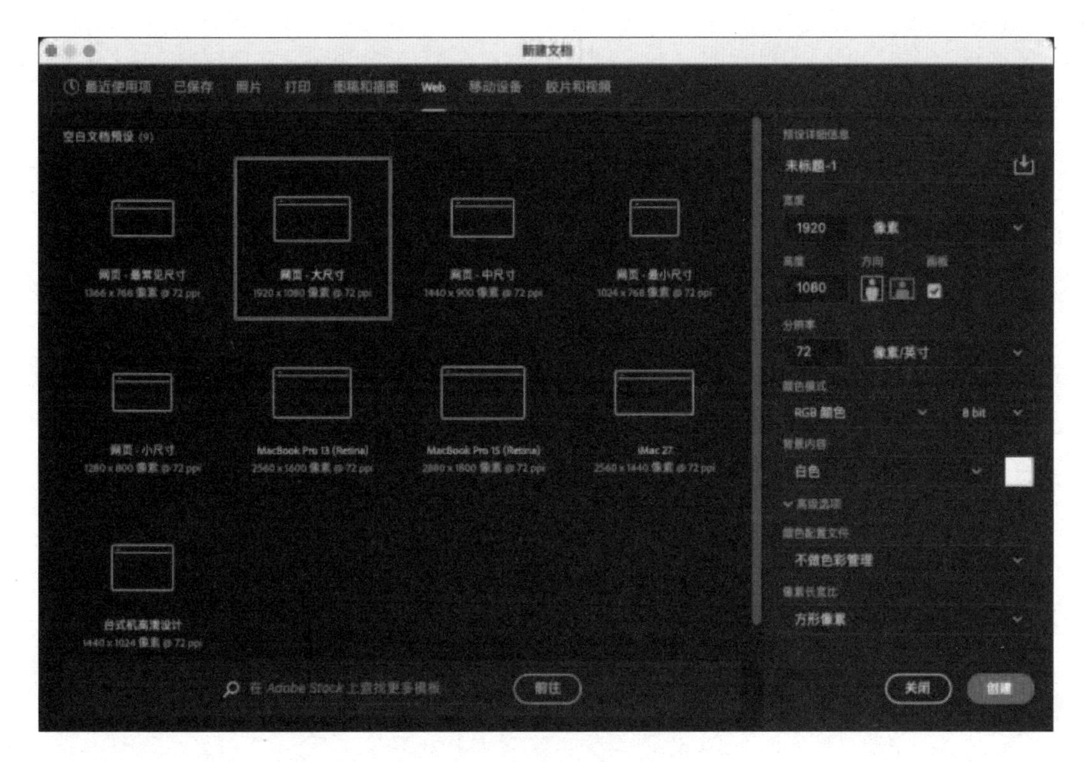

图 2-1　“新建文档”对话框

2. 打开图像文件

方式一：

（1）选择“文件”→“打开”命令或按快捷键 Ctrl+O，都可以弹出“打开”对话框，如图 2-2 所示，选择图像文件所在的文件夹。

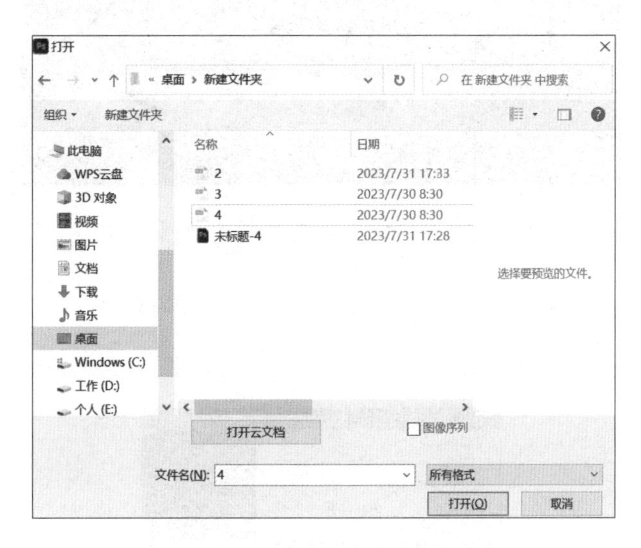

图 2-2　“打开”对话框

（2）在文件列表中，选择所需的图像文件名，在“打开”对话框右侧可以预览指定的图像文件。如果需要打开多个图像文件，则可以在按住 Ctrl 键的同时，单击多个不连续的图像文件，或者在按住 Shift 键的同时，依次单击多个连续文件的第一个和最后一个图像文件，即可选择多个图像文件。

（3）单击“打开”按钮，可以打开所选中的一个或多个图像文件。单击“取消”按钮，可以取消打开图像文件的操作。双击文件列表中所需的图像文件，可以直接打开该图像文件。

方式二：

如果已经打开了 Photoshop 窗口，则可以直接按住鼠标左键拖动需要打开的文件至任务栏中的图标上，此时将显示 Photoshop 的工作界面，不要释放鼠标左键，将该图像文件拖动至图像编辑区域的“标题栏”上，即可打开该图像文件，如图 2-3 所示。

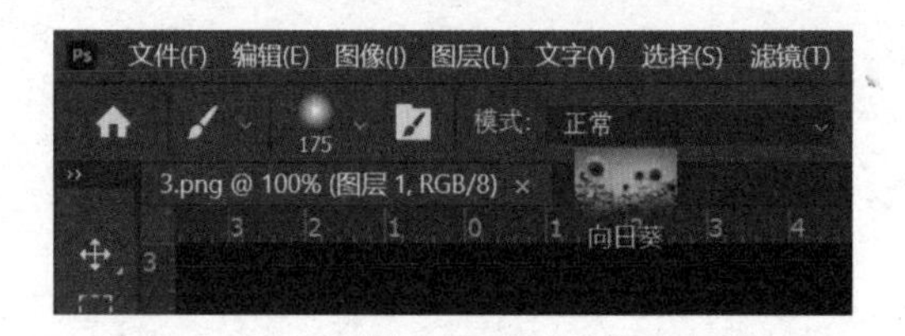

图 2-3　拖动至标题栏即可打开图像文件

方式三：

如果图像文件最近被打开过，则打开 Photoshop 窗口后可以在右侧看到最近使用过的图像文件，如图 2-4 所示，直接单击即可打开该图像文件。

图 2-4　通过“最近使用项”打开图像文件

在此情况下，通过“文件”→“最近打开文件”的级联菜单可以查看该图像文件，如图 2-5 所示，选择图像文件命令即可打开该图像文件。

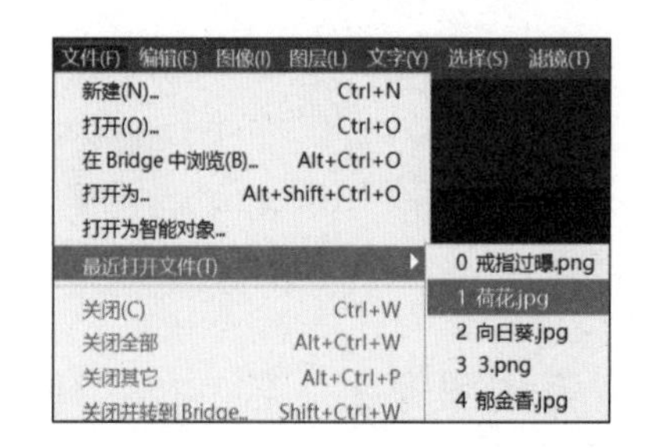

图 2-5　通过“最近打开文件”的级联菜单打开图像文件

3．保存图像文件

（1）使用“存储”命令保存图像文件。

这种保存方式可以在文件名、文件格式不改变的情况下快速保存当前正在编辑的图像文件，也可以按快捷键 Ctrl+S 快速保存图像文件。如果图像文件在打开后没有被修改，则此命令处于灰色不可用状态。如果图像还未被保存过，则弹出的对话框中提示“保存在您的计算机上或保存到云文档”，并选择相应按钮即可，如图 2-6 所示。

图 2-6　未被保存过的图像文件保存方式

（2）使用“存储为”命令保存图像文件。

这种保存方式可以将正在编辑的图像文件以另一个图像文件名或另一种格式保存，而原来的图像文件不变。选择“存储为”命令，将弹出“存储为”对话框。在该对话框中，如果用户想要将图像文件保存到云文档，则需要先登录 Creative Cloud 的账户再保存。如果单击“保存在您的计算机上”按钮，则会弹出“另存为”对话框，如图 2-7 所示，选择要保存的文件夹。在“文件名”文本框中输入要保存的文件名，在“保存类型”下拉列表中选择图像文件要保存的格式，Photoshop 默认的图像文件保存格式为 *JPEG*.PSD、*.PDD、*.PSDT 等。在“存储”选项区还可以设置更多的选项。例如，可以决定是否将图像文件保存为副本形式、是否保存图层信息、是否保存图像的注释、是否保存 Alpha 通道等。

在保存图像文件时，如果图像含有图层、通道、路径等 Photoshop 特有的成分，则最好使用 *.PSD 格式保存，以免丢失信息。

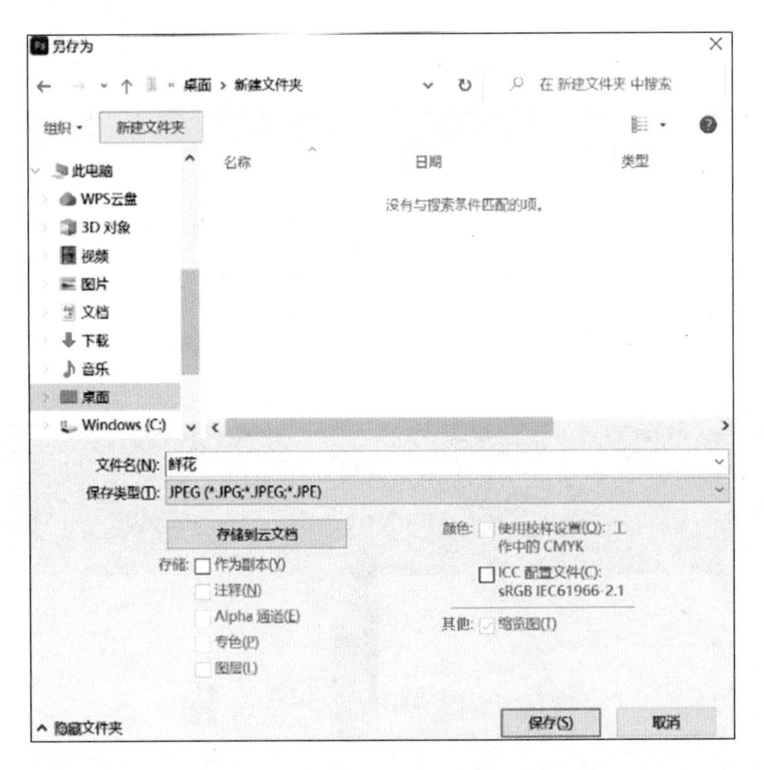

图 2-7 “另存为”对话框

4．关闭图像文件

（1）关闭当前图像文件。选择“文件”→“关闭”命令，或者按快捷键 Ctrl+W，又或者单击 Photoshop 窗口右上角的“关闭”按钮，都可以关闭当前图像文件。如果该图像文件被编辑过但没有被保存，则执行“关闭”命令后会弹出如图 2-8 所示的提示对话框，此时可以根据需要进行选择。

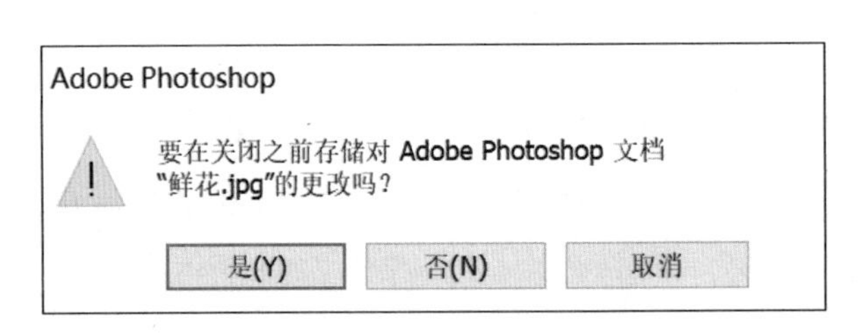

图 2-8 是否需要保存图像文件的提示对话框

（2）关闭全部图像文件。如果在 Photoshop 中打开了多个图像文件，则可以选择“文件”→“关闭全部”命令或按快捷键 Alt+Ctrl+W，都可以关闭所有图像文件。

（3）关闭其他图像文件。如果想要关闭除正处于编辑状态的图像文件外的其他图像文件，则可以选择“文件”→“关闭其他文件”命令或按快捷键 Alt+Ctrl+P，都可以关闭其他图像文件。

实训 - 评价单

实训编号	2- 任务 1	实训名称	操作图像文件
评价项目		自评	教师评价
课堂表现	学习态度（20 分）		
	课堂参与（10 分）		
	团队合作（10 分）		
技能操作	新建图像文件（15 分）		
	打开图像文件（15 分）		
	保存图像文件（15 分）		
	关闭图像文件（15 分）		
评价时间	年　月　日	教师签字	

评价等级划分						
项目		A	B	C	D	E
课堂表现	学习态度	在积极主动、虚心求教、自主学习、细致严谨上表现优秀	在积极主动、虚心求教、自主学习、细致严谨上表现良好	在积极主动、虚心求教、自主学习、细致严谨上表现较好	在积极主动、虚心求教、自主学习、细致严谨上表现尚可	在积极主动、虚心求教、自主学习、细致严谨上表现不佳
	课堂参与	积极参与课堂活动，参与内容完成得很好	积极参与课堂活动，参与内容完成得好	积极参与课堂活动，参与内容完成得较好	能参与课堂活动，参与内容完成得一般	能参与课堂活动，参与内容完成得欠佳
	团队合作	具有很强的团队合作能力、能与老师和同学进行沟通交流	具有良好的团队合作能力、能与老师和同学进行沟通交流	具有较好的团队合作能力、尚能与老师和同学进行沟通交流	具有与团队进行合作的能力、与老师和同学进行沟通交流的能力一般	不具有与团队进行合作的能力、不能与老师和同学进行沟通交流
技能操作	新建图像文件	能独立并熟练地完成	能独立并较熟练地完成	能在他人提示下顺利完成	能在他人帮助下完成	未能完成
	打开图像文件	能独立并熟练地完成	能独立并较熟练地完成	能在他人提示下顺利完成	能在他人帮助下完成	未能完成
	保存图像文件	能独立并熟练地完成	能独立并较熟练地完成	能在他人提示下顺利完成	能在他人帮助下完成	未能完成
	关闭图像文件	能独立并熟练地完成	能独立并较熟练地完成	能在他人提示下顺利完成	能在他人帮助下完成	未能完成

实训 - 任务单

实训编号	2- 任务 2	实训名称	调整图像文件
实训内容	调整图像大小和画布大小		
实训目的	熟悉对图像文件的基础常规操作		
设备环境	台式计算机或笔记本电脑，建议使用 Windows 10 以上操作系统		
知识点	1. 调整图像大小 2. 调整画布大小	技能	掌握调整图像大小和画布大小的方法
所在班级		小组成员	
实训难度	初级	指导教师	
实施地点		实施日期	年　月　日
实施步骤	（1）调整图像到指定大小 （2）调整画布到指定大小		
参考案例	任务 6 调整图像大小 任务 7 调整画布大小		

1. 调整图像大小

（1）按快捷键 Ctrl+O 打开需要处理的图像文件“向日葵 .jpg”，如图 2-9 所示。

图 2-9　打开“向日葵 .jpg”图像文件

（2）选择“图像”→“图像大小”命令或按快捷键 Alt+Ctrl+I，都可以弹出“图像大小”对话框，如图 2-10 所示。在“图像大小”对话框右侧可以看到该图像文件的宽度、高度、分辨率等信息。

图 2-10　“图像大小”对话框

（3）根据需要调整图像文件的宽度为 500 像素，由于宽度与高度都处于约束状态，如图 2-11 所示，因此高度会根据宽度的更改进行调整，确保宽度与高度比例不变。当调整完宽度后，高度会随之发生变化。

图 2-11　调整图像文件的宽度

如果想要不受宽度与高度比例的约束，自定义图像的宽度与高度，则需要单击宽度与高度左侧的链接图标，即可实现“不约束宽高比”。

（4）选择“文件”→“存储为”命令，弹出“另存为”对话框，设置图像文件的保存位置、文件名和保存类型，单击“保存”按钮另存该图像文件。

2. 调整画布大小

1）缩小画布

（1）按快捷键 Ctrl+O 打开需要处理的图像文件“鲜花 .jpg”，如图 2-12 所示。

图 2-12　打开“鲜花.jpg”图像文件

（2）选择“图像”→“画布大小”命令或按快捷键 Alt+Ctrl+C，都可以弹出“画布大小”对话框，修改画布的宽度为 40 厘米，高度为 35 厘米，将图像定位在左下角，如图 2-13 所示。

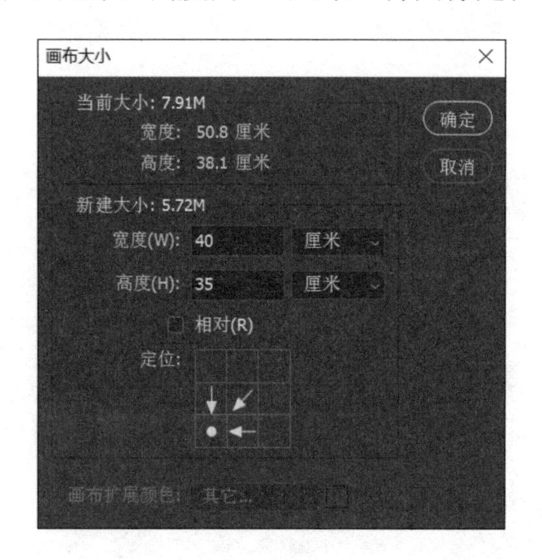

图 2-13　修改画布大小

（3）在“画布大小”对话框中单击“确定”按钮，弹出如图 2-14 所示的提示对话框。

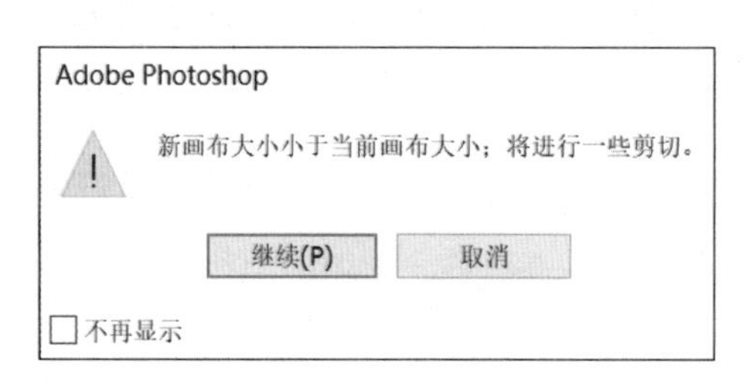

图 2-14　修改画布大小提示框对话框

（4）单击“继续”按钮，即可对原有画布进行裁剪，由于将图像定位在左下角，所以最终保留了左下角的图像，只裁剪其他区域，效果如图 2-15 所示。

图 2-15　裁剪画布后的图像效果

2）扩展画布

如果想要给上面的图像加上边框，则可以通过“画布扩展颜色”下拉列表来实现。

（1）增加画布的宽度与高度。选择“图像”→“画布大小”命令或按快捷键 Alt+Ctrl+C，都可以弹出“画布大小”对话框，将画布的宽度与高度各增加 1 厘米，如图 2-16 所示。

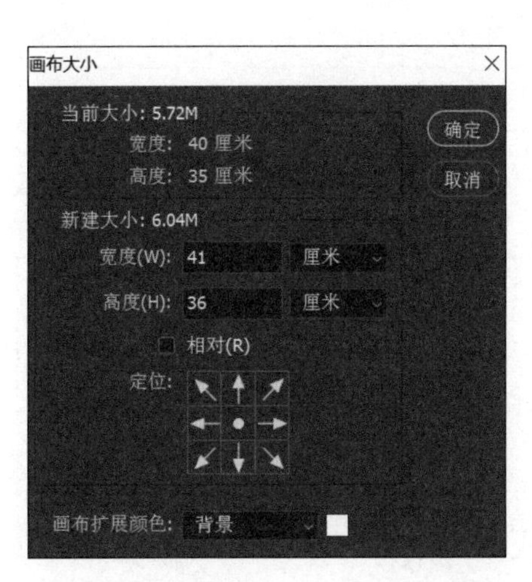

图 2-16　增加画布的宽度与高度

（2）设置画布扩展颜色。修改完画布的宽度与高度后，需要将增加的画布部分的颜色显示为绿色。在“画布扩展颜色”下拉列表中选择“其他”选项，并在弹出的“拾色器（画布扩展颜色）”对话框中设置颜色为 RGB（36,89,0），如图 2-17 所示。

（3）单击“确定”按钮，会发现图像四周扩展了一部分空间，呈现出绿色边框的效果，如图 2-18 所示。

（4）选择“文件”→“存储”命令，保存该图像文件。

图 2-17 设置画布扩展颜色

图 2-18 扩展画布后的图像效果

实训 - 评价单

实训编号	2- 任务 2	实训名称	调整图像文件
评价项目		自评	教师评价
课堂表现	学习态度（20 分）		
	课堂参与（10 分）		
	团队合作（10 分）		
技能操作	调整图像大小（30 分）		
	调整画布大小（30 分）		
评价时间	年 月 日	教师签字	

评价等级划分						
项目		A	B	C	D	E
课堂表现	学习态度	在积极主动、虚心求教、自主学习、细致严谨上表现优秀	在积极主动、虚心求教、自主学习、细致严谨上表现良好	在积极主动、虚心求教、自主学习、细致严谨上表现较好	在积极主动、虚心求教、自主学习、细致严谨上表现尚可	在积极主动、虚心求教、自主学习、细致严谨上表现不佳
	课堂参与	积极参与课堂活动，参与内容完成得很好	积极参与课堂活动，参与内容完成得好	积极参与课堂活动，参与内容完成得较好	能参与课堂活动，参与内容完成得一般	能参与课堂活动，参与内容完成得欠佳
	团队合作	具有很强的团队合作能力、能与老师和同学进行沟通交流	具有良好的团队合作能力、能与老师和同学进行沟通交流	具有较好的团队合作能力、尚能与老师和同学进行沟通交流	具有与团队进行合作的能力、与老师和同学进行沟通交流的能力一般	不具有与团队进行合作的能力、不能与老师和同学进行沟通交流
技能操作	调整图像大小	能独立并熟练地完成	能独立并较熟练地完成	能在他人提示下顺利完成	能在他人帮助下完成	未能完成
	调整画布大小	能独立并熟练地完成	能独立并较熟练地完成	能在他人提示下顺利完成	能在他人帮助下完成	未能完成

项目 3
工具的使用

实训 - 任务单

实训编号	3- 任务 1	实训名称	使用选区
实训内容	选区的运算操作		
实训目的	灵活使用选区的几种运算绘制图形		
设备环境	台式计算机或笔记本电脑，建议使用 Windows 10 以上操作系统		
知识点	1．选区的加运算 2．选区的减运算 3．选区的方向、大小和形状调整	技能	掌握选区的加、减运算，以及选区的方向、大小和形状调整的方法
所在班级		小组成员	
实训难度	初级	指导教师	
实施地点		实施日期	年　月　日
实施步骤	（1）绘制选区 （2）选区的加、减运算 （3）调整选区		
参考案例	制作 COC 轮胎公司标志		

1．选区的加运算

（1）选择工具箱中的 工具，在画布上绘制如图 3-1 所示的选区。

（2）选择工具箱中的 工具，在工具属性栏中单击“添加到选区”按钮 ，在画布上绘制如图 3-2 所示的选区。需要注意的是，当要绘制直线时，可以按住 Shift 键进行绘制。

图 3-1　绘制选区

图 3-2　利用“添加到选区”按钮绘制选区

（3）按 D 键，设置工具箱中的前景色为黑色。按快捷键 Alt+Delete 给选区填充前景色，效果如图 3-3 所示，按快捷键 Ctrl+D 取消选区。

图 3-3　给选区填充前景色后的效果（1）

2．选区的减运算

（1）选择工具箱中的 工具，在画布上绘制如图 3-4 所示的星形选区。

（2）单击工具属性栏中的“从选区中减去”按钮 ，在星形选区的内部绘制如图 3-5 所示的形状。

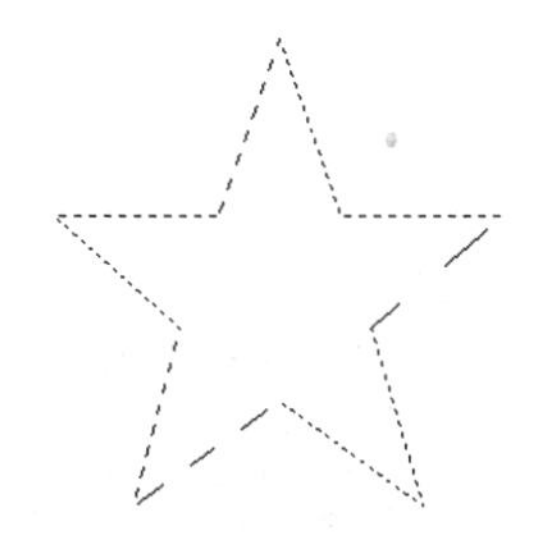

图 3-4　绘制星形选区

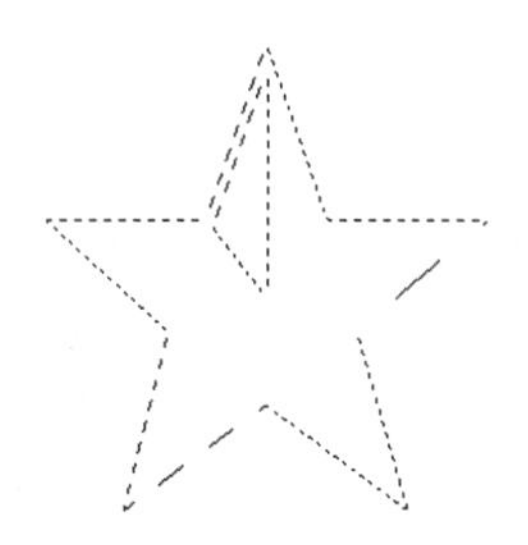

图 3-5　在星形选区的内部绘制形状

（3）使用同样的方法绘制其他选区形状，如图 3-6 所示。按 D 键，设置工具箱中的前景色为黑色。按快捷键 Alt+Delete 给选区填充前景色，效果如图 3-7 所示，按快捷键 Ctrl+D 取消选区。

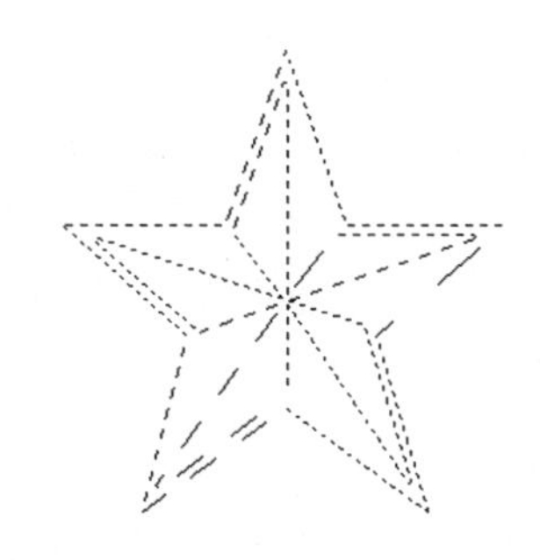

图 3-6　绘制其他选区形状

图 3-7　给选区填充前景色后的效果（2）

3．选区的方向、大小和形状调整

（1）选择工具箱中的 工具，在画布上绘制如图 3-8 所示的不规则选区。

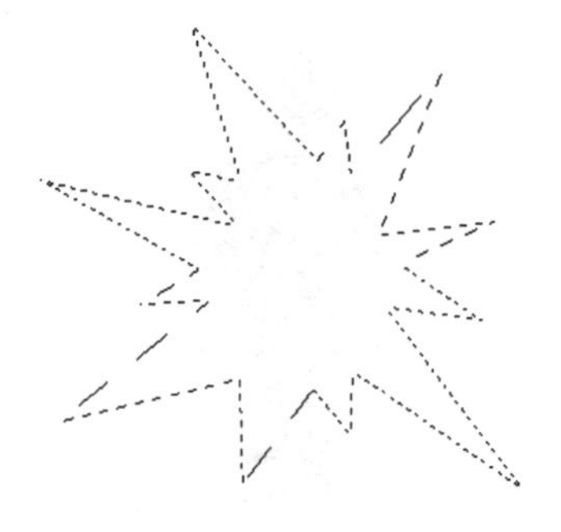

图 3-8　绘制不规则选区

（2）选择“选择”→“变换选区”命令，此时选区的周围就会出现一个控制框，如图 3-9 所示。在画布上右击，弹出如图 3-10 所示的快捷菜单。

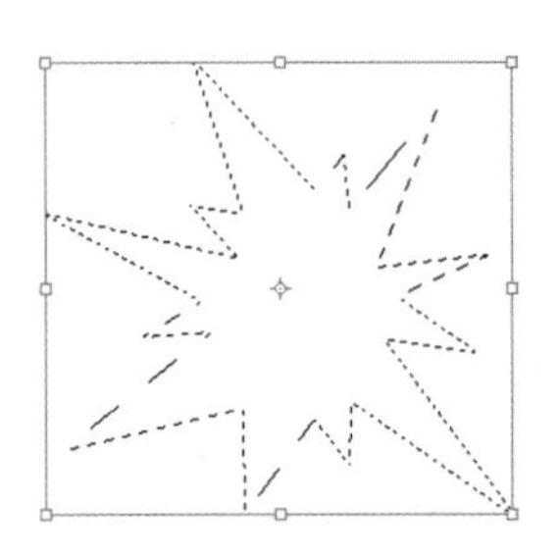

图 3-9　执行“变换选区”命令后的选区效果

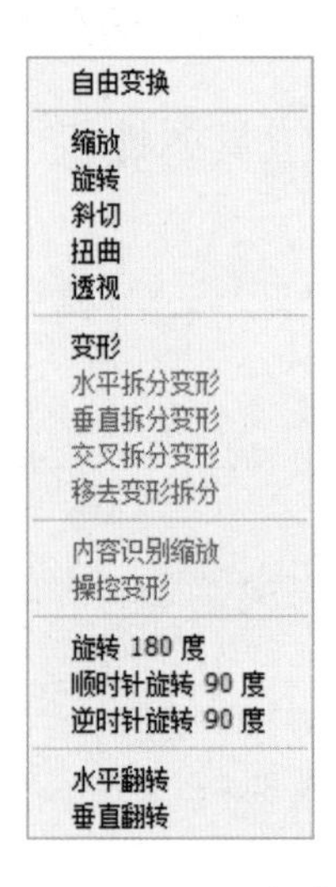

图 3-10　快捷菜单

（3）选择“水平翻转”命令、“垂直翻转”命令及“旋转”命令，即可实现对选区方向的调整，如图 3-11、图 3-12 所示。

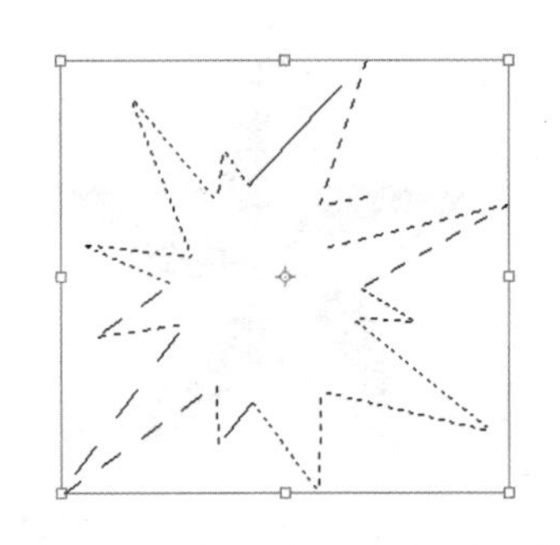

图 3-11　选区的水平翻转调整

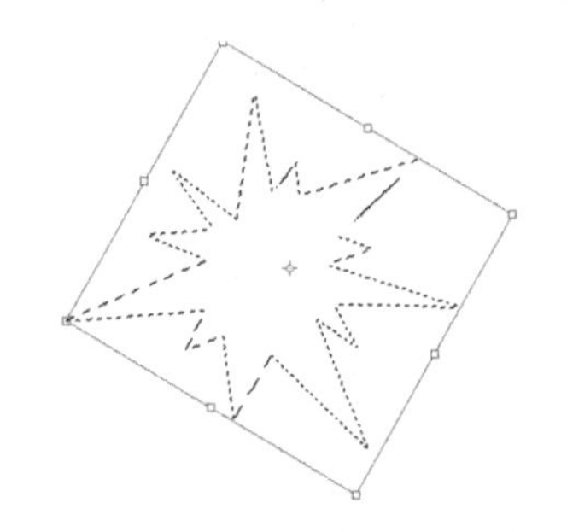

图 3-12　选区的旋转调整

（4）选择“斜切”命令、“透视”命令、“扭曲”命令，即可实现对选区形状的调整，如图 3-13 ～图 3-15 所示。

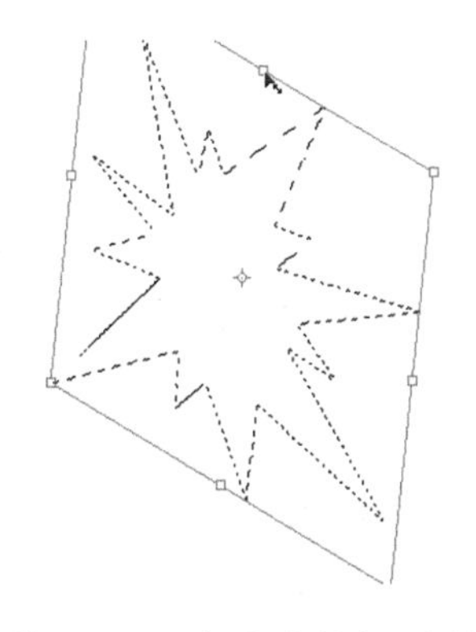
图 3-13　选区的斜切调整

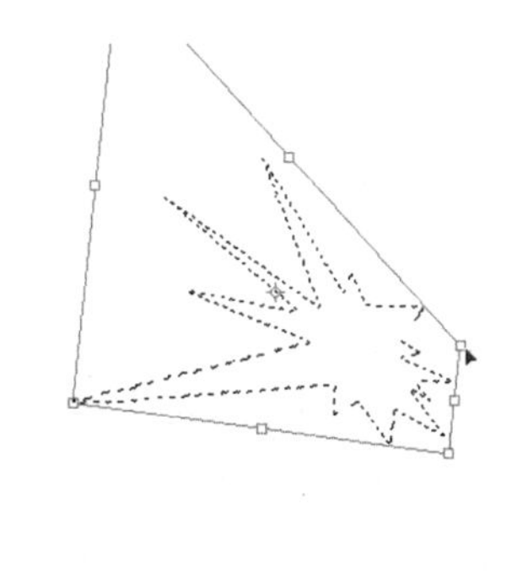
图 3-14　选区的透视调整

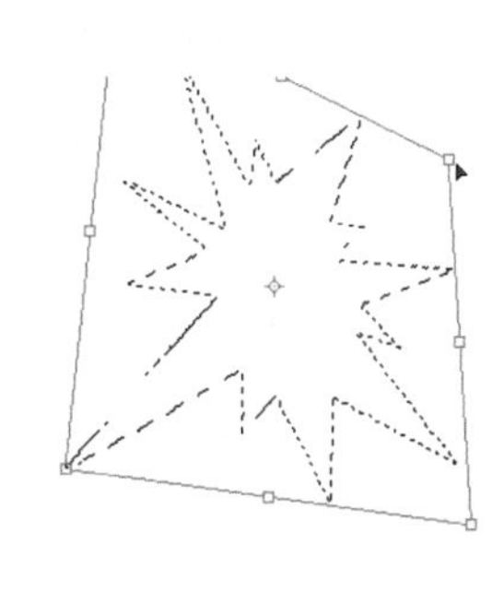
图 3-15　选区的扭曲调整

（5）选择“缩放”命令，即可实现对选区大小的调整。如果要等比缩放选区，则可以将鼠标指针放置在选区变换控制框的任意一个角点处，按快捷键Shift+Alt进行缩放，如图3-16所示。

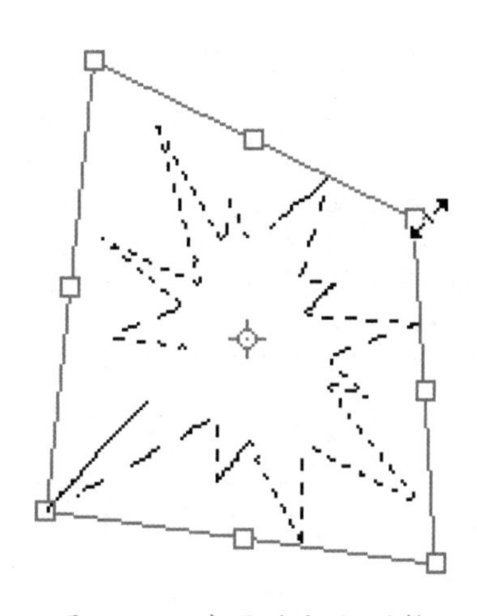
图 3-16　选区的大小调整

实训 - 评价单

实训编号	3- 任务 1	实训名称	使用选区
评价项目		自评	教师评价
课堂表现	学习态度（20 分）		
	课堂参与（10 分）		
	团队合作（10 分）		
技能操作	选区的加、减运算（30 分）		
	选区的调整（30 分）		
评价时间	年　月　日	教师签字	

续表

评价等级划分						
项目		A	B	C	D	E
课堂表现	学习态度	在积极主动、虚心求教、自主学习、细致严谨上表现优秀	在积极主动、虚心求教、自主学习、细致严谨上表现良好	在积极主动、虚心求教、自主学习、细致严谨上表现较好	在积极主动、虚心求教、自主学习、细致严谨上表现尚可	在积极主动、虚心求教、自主学习、细致严谨上表现不佳
	课堂参与	积极参与课堂活动，参与内容完成得很好	积极参与课堂活动，参与内容完成得好	积极参与课堂活动，参与内容完成得较好	能参与课堂活动，参与内容完成得一般	能参与课堂活动，参与内容完成得欠佳
	团队合作	具有很强的团队合作能力、能与老师和同学进行沟通交流	具有良好的团队合作能力、能与老师和同学进行沟通交流	具有较好的团队合作能力、尚能与老师和同学进行沟通交流	具有与团队进行合作的能力、与老师和同学进行沟通交流的能力一般	不具有与团队进行合作的能力、不能与老师和同学进行沟通交流
技能操作	选区的加、减运算	能独立并熟练地完成	能独立并较熟练地完成	能在他人提示下顺利完成	能在他人帮助下完成	未能完成
	选区的调整	能独立并熟练地完成	能独立并较熟练地完成	能在他人提示下顺利完成	能在他人帮助下完成	未能完成

实训 - 任务单

实训编号	**3- 任务 2**	**实训名称**	**绘制卡通老虎**
实训内容	选区的操作及使用技巧		
实训目的	熟悉选区工具的使用性能，掌握选区工具的使用技巧，能使用选区工具绘制图形		
设备环境	台式计算机或笔记本电脑，建议使用 Windows 10 以上操作系统		
知识点	1. 选区的加、减运算 2. 调整选区的大小及方向	技能	掌握使用选区工具绘制卡通老虎的方法
所在班级		小组成员	
实训难度	中级	指导教师	
实施地点		实施日期	年　月　日
实施步骤	（1）新建一个图像文件 （2）使用选区工具绘制老虎的头部外形 （3）绘制老虎的耳朵和嘴巴 （4）绘制老虎的舌头和牙齿 （5）绘制老虎的眼睛、鼻子和胡子 （6）使用选区工具绘制“王”字		
参考案例	制作 COC 轮胎公司标志		

下面将通过绘制卡通老虎来训练选区的加、减运算，以及调整选区大小及方向的技能。

（1）按快捷键 Ctrl+N 新建一个尺寸为 340 像素×250 像素、分辨率为 96 像素 / 英寸、RGB 颜色模式的图像文件。

（2）单击“图层”面板中的 ⊞ 按钮，在背景图层上新建一个图层，并将其命名为“虎头”。选择工具箱中的 ◯ 工具，在画布上绘制如图 3-17 所示的椭圆形选区。单击工具属性栏中的“添加到选区”按钮 ，在画布上添加一个如图 3-18 所示的椭圆形选区。

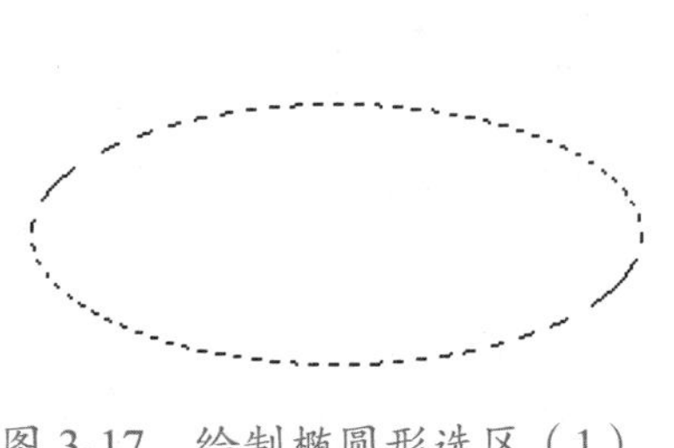

图 3-17　绘制椭圆形选区（1）

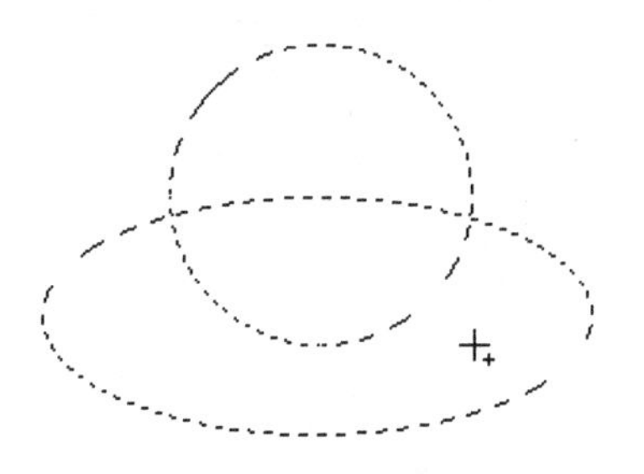

图 3-18　添加椭圆形选区

（3）设置前景色为 #ffb142，按快捷键 Alt+Delete 给选区填充前景色。按快捷键 Ctrl+D 取消选区，效果如图 3-19 所示。

图 3-19　给选区填充前景色后的效果（1）

（4）单击“图层”面板中的 ⊞ 按钮，在“虎头”图层之下新建一个图层，并将其命名为“虎耳”。选择工具箱中的 ◯ 工具，在画布上绘制如图 3-20 所示的椭圆形选区。设置前景色为 # 7f630e，按快捷键 Alt+Delete 给选区填充前景色，按快捷键 Ctrl+D 取消选区，效果如图 3-21 所示。

图 3-20　绘制椭圆形选区（2）

图 3-21　给选区填充前景色后的效果（2）

（5）选择“选择”→“变换选区”命令，将鼠标指针放在选区变换控制框的右上角。按住快捷键 Shift+Alt 缩放选区形状，效果如图 3-22 所示，按 Enter 键确定。设置前景色为 # 3d2e01，按快捷键 Alt+Delete 给选区填充前景色，按快捷键 Ctrl+D 取消选区，效果如图 3-23 所示。

图 3-22　缩放选区后的效果

图 3-23　给选区填充前景色后的效果（3）

（6）按快捷键 Ctrl+J 将“虎耳”图层复制一个副本图层，并将该图层移动至如图 3-24 所示的位置。

图 3-24　移动“虎耳”副本图层的位置

（7）单击“图层”面板中的 ⊞ 按钮，在“虎头”图层之上新建一个图层，将其命名为“虎嘴”。选择工具箱中的 ◯ 工具，在画布上绘制如图 3-25 所示的椭圆形选区。设置前景色为 # 664009，按快捷键 Alt+Delete 给选区填充前景色，按快捷键 Ctrl+D 取消选区，效果如图 3-26 所示。

图 3-25　绘制椭圆形选区（3）

图 3-26　给选区填充前景色后的效果（4）

（8）单击“图层”面板中的 ⊞ 按钮，在“虎嘴”图层之上新建一个图层，将其命名为“虎舌”。选择工具箱中的 ⊞ 工具，在画布上绘制如图 3-27 所示的椭圆形选区。按住快捷键 Ctrl+Shift+Alt 键，单击“图层”面板中的“虎嘴”图层，得到如图 3-28 所示的虎舌选区形状。

图 3-27　绘制椭圆形选区（4）

图 3-28　虎舌选区形状

（9）设置前景色为 # 742300，按快捷键 Alt+Delete 给选区填充前景色，按快捷键 Ctrl+D 取消选区，效果如图 3-29 所示。

图 3-29　给选区填充前景色后的效果（5）

（10）单击“图层”面板中的 ⊞ 按钮，在“虎嘴”图层之上新建一个图层，将其命名为“虎牙”。选择工具箱中的 ◎ 工具，在画布上绘制如图 3-30 所示的椭圆形选区。设置前景色为白色，给该选区填充前景色，效果如图 3-31 所示。

图 3-30　绘制椭圆形选区（5）

图 3-31　给选区填充前景色后的效果（6）

（11）按住 Ctrl 键，单击“图层”面板中的“虎嘴”图层，载入“虎嘴”图层的选区，按快捷键 Ctrl+Shift+I 对该选区进行反向选取，按 Delete 键删除选区内的图像，按快捷键 Ctrl+D 取消选区，效果如图 3-32 所示。按快捷键 Ctrl+J 将“虎牙”图层复制一个副本图层，并将该图层移动至如图 3-33 所示的位置。

图 3-32　删除选区内图像后的虎牙效果

图 3-33　移动“虎牙”副本图层的位置

（12）单击“图层”面板中的 ⊞ 按钮，在“虎嘴”图层之上新建一个图层，将其命名为“虎眼”。选择工具箱中的 ◯ 工具，在画布上绘制如图 3-34 所示的椭圆形选区，给该选区填充为黑色，效果如图 3-35 所示。

图 3-34　绘制椭圆形选区（6）

图 3-35　给选区填充黑色后的效果

（13）选择工具箱中的 ◯ 工具，在画布上绘制如图 3-36 所示的椭圆形选区作为“虎的眼球”。给该选区填充为白色，效果如图 3-37 所示。

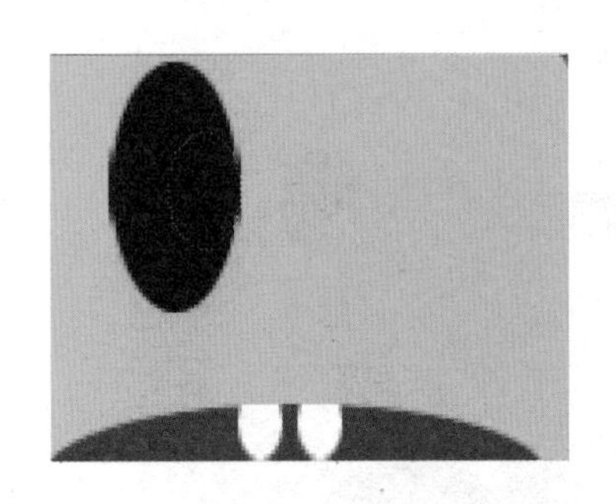

图 3-36　绘制“虎的眼球”选区

图 3-37　给“虎的眼球”选区填充白色后的效果

（14）使用同样的方法绘制出“虎眼”，效果如图 3-38 所示。按快捷键 Ctrl+J 将制作好的“虎眼”图层复制一个副本图层，按快捷键 Ctrl+T 对复制的“虎眼”副本图层进行“水平翻转”

变换，并将变换后的“虎眼”副本图层移动至如图 3-39 所示的位置。

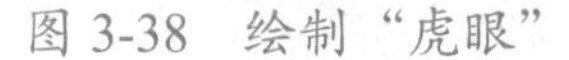

图 3-38　绘制“虎眼”

图 3-39　移动变换后的“虎眼”副本图层的位置

（15）单击“图层”面板中的 按钮，在“虎嘴”图层之上新建一个图层，并将其命名为“虎须”。选择工具箱中的 工具，在画布上绘制如图 3-40 所示的矩形选区。按 D 键将前景色设置为黑色，将背景色设置为白色，单击工具箱中的 工具，给矩形选区填充线性渐变颜色，按快捷键 Ctrl+D 取消矩形选区，效果如图 3-41 所示。

图 3-40　绘制矩形选区

图 3-41　给矩形选区填充线性渐变颜色后的效果

（16）按快捷键 Ctrl+J 复制几个“虎须”副本图层，并将“虎须”副本图层移动至如图 3-42 所示的位置。先将调整后的“虎须”图层与“虎须”副本图层合并，再复制一个副本图层。按快捷键 Ctrl+T 水平翻转复制后的“虎须”副本图层，并移动至如图 3-43 所示的位置。

图 3-42　移动“虎须”副本图层的位置

图 3-43　移动水平翻转后的“虎须”副本图层的位置

（17）单击“图层”面板中的 按钮，在“虎嘴”图层之上新建一个图层，将其命名为“虎鼻”。选择工具箱中的 工具，在画布上绘制如图 3-44 所示的椭圆形选区作为“虎鼻”。确认工具属性栏中的“添加到选区”按钮 处于选中状态。在椭圆形选区上再添加一个椭圆形选区，效果如图 3-45 所示。

图 3-44　绘制“虎鼻”的椭圆形选区

图 3-45　添加椭圆形选区后的效果

（18）设置前景色为白色，设置背景色为黑色，单击工具箱中的 工具，在工具属性栏中单击“径向渐变”按钮 ，给“虎鼻”的椭圆形选区填充径向渐变颜色，效果如图 3-46 所示。

图 3-46　给“虎鼻”的椭圆形选区填充径向渐变颜色后的效果

（19）选择工具箱中的 工具，在画布上绘制如图 3-47 所示的矩形选区作为虎头的“王”字。单击工具箱中的 工具，给该选区填充径向渐变颜色，效果如图 3-48 所示。这样就完成了卡通老虎的制作。

图 3-47　绘制虎头的“王”字矩形选区

图 3-48　给虎头“王”字选区填充径向渐变颜色后的效果

实训 - 评价单

<table>
<tr><td>实训编号</td><td>3- 任务 2</td><td>实训名称</td><td>绘制卡通老虎</td></tr>
<tr><td colspan="2">评价项目</td><td>自评</td><td>教师评价</td></tr>
<tr><td rowspan="3">课堂表现</td><td>学习态度（20 分）</td><td></td><td></td></tr>
<tr><td>课堂参与（10 分）</td><td></td><td></td></tr>
<tr><td>团队合作（10 分）</td><td></td><td></td></tr>
<tr><td rowspan="2">技能操作</td><td>绘制老虎的头部外形、耳朵和嘴巴（30 分）</td><td></td><td></td></tr>
<tr><td>绘制老虎的舌头、牙齿、眼睛、鼻子和胡须（30 分）</td><td></td><td></td></tr>
<tr><td>评价时间</td><td>年　月　日</td><td>教师签字</td><td></td></tr>
</table>

<table>
<tr><td colspan="7">评价等级划分</td></tr>
<tr><td colspan="2">项目</td><td>A</td><td>B</td><td>C</td><td>D</td><td>E</td></tr>
<tr><td rowspan="3">课堂表现</td><td>学习态度</td><td>在积极主动、虚心求教、自主学习、细致严谨上表现优秀</td><td>在积极主动、虚心求教、自主学习、细致严谨上表现良好</td><td>在积极主动、虚心求教、自主学习、细致严谨上表现较好</td><td>在积极主动、虚心求教、自主学习、细致严谨上表现尚可</td><td>在积极主动、虚心求教、自主学习、细致严谨上表现不佳</td></tr>
<tr><td>课堂参与</td><td>积极参与课堂活动，参与内容完成得很好</td><td>积极参与课堂活动，参与内容完成得好</td><td>积极参与课堂活动，参与内容完成得较好</td><td>能参与课堂活动，参与内容完成得一般</td><td>能参与课堂活动，参与内容完成得欠佳</td></tr>
<tr><td>团队合作</td><td>具有很强的团队合作能力、能与老师和同学进行沟通交流</td><td>具有良好的团队合作能力、能与老师和同学进行沟通交流</td><td>具有较好的团队合作能力、尚能与老师和同学进行沟通交流</td><td>具有与团队进行合作的能力、与老师和同学进行沟通交流的能力一般</td><td>不具有与团队进行合作的能力、不能与老师和同学进行沟通交流</td></tr>
<tr><td rowspan="2">技能操作</td><td>绘制老虎的头部外形、耳朵和嘴巴</td><td>能独立并熟练地完成</td><td>能独立并较熟练地完成</td><td>能在他人提示下顺利完成</td><td>能在他人帮助下完成</td><td>未能完成</td></tr>
<tr><td>绘制老虎的舌头、牙齿、眼睛、鼻子和胡须</td><td>能独立并熟练地完成</td><td>能独立并较熟练地完成</td><td>能在他人提示下顺利完成</td><td>能在他人帮助下完成</td><td>未能完成</td></tr>
</table>

实训 - 任务单

<table>
<tr><td>实训编号</td><td>3- 任务 3</td><td>实训名称</td><td>使用路径</td></tr>
<tr><td>实训内容</td><td colspan="3">路径的基本操作</td></tr>
</table>

续表

实训编号	3- 任务 3	实训名称	使用路径
实训目的	灵活使用路径绘制图形		
设备环境	台式计算机或笔记本电脑，建议使用 Windows 10 以上操作系统		
知识点	1. 路径的直线操作 2. 路径的曲线操作 3. 路径的使用技巧	技能	掌握绘制路径及使用路径的方法
所在班级		小组成员	
实训难度	初级	指导教师	
实施地点		实施日期	年　月　日
实施步骤	（1）新建一个图像文件 （2）绘制直线路径 （3）绘制曲线路径 （4）编辑路径 （5）路径与选区的转换		
参考案例	绘制荷花		

1．路径的直线操作

（1）新建一个尺寸为 400 像素×400 像素的图像文件。

（2）选择工具箱中的 工具，并在工具属性栏中设置其参数，如图 3-49 所示。

图 3-49　设置路径工具属性栏中的参数

（3）在新建文件的画布上单击一点作为路径的起始点，这一点在下一个定位点没出现以前呈黑色实心状态，如图 3-50 所示。移动鼠标指针并单击下一个定位点，画布中会出现一条线。此时，起始点呈空心状态，表示处于非编辑状态，如图 3-51 所示。这种单击的方式适用于绘制直线。

图 3-50　绘制路径的起始点

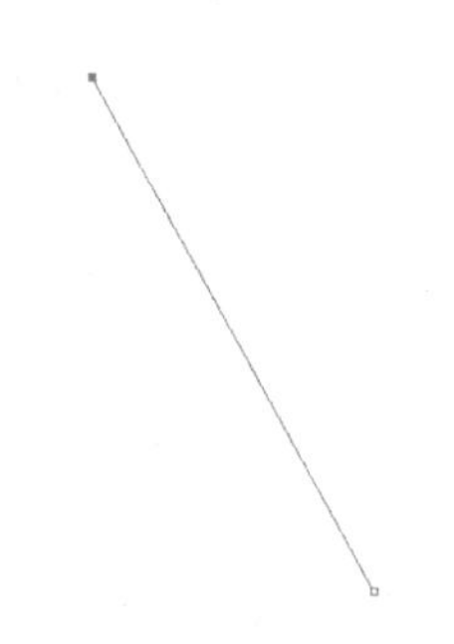

图 3-51　绘制路径的下一个定位点

（4）使用上述方法在画布上绘制如图 3-52 所示的路径形状。

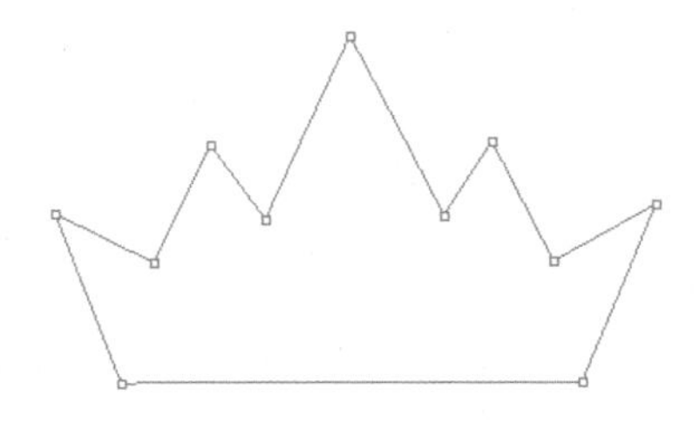

图 3-52　绘制路径形状（1）

2．路径的曲线操作

（1）新建一个尺寸为 400 像素×400 像素的图像文件。

（2）选择工具箱中的 工具，在新建文件的画布上单击一点作为路径的起始点，移动鼠标指针至第二个定位点，单击并拖动鼠标指针，绘制如图 3-53 所示的路径形状。此时，第二个定位点的两边各有一个调节控制杆，该控制杆用于调整路径的形状。

（3）同样用单击并拖动鼠标指针的方法在画布上绘制如图 3-54 所示的路径形状。

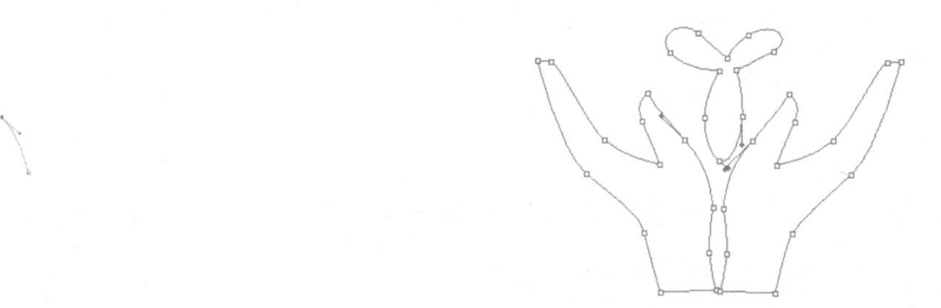

图 3-53　绘制路径形状（2）　　图 3-54　绘制路径形状（3）

（4）使用上述方法，绘制如图 3-55 所示的各种路径形状。

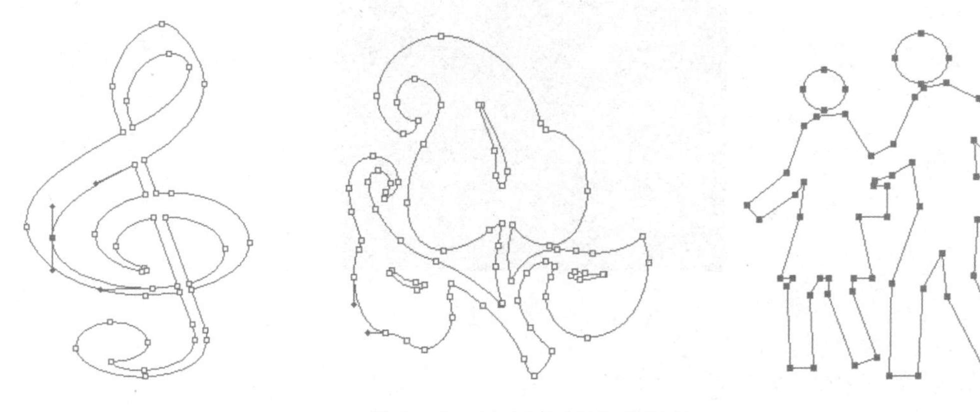

图 3-55　绘制各种路径形状

3．路径的使用技巧

（1）在使用钢笔工具绘制路径时，如果按住 Alt 键，则可以切换到转换定位点工具，按住 Alt 键后的光标状态如图 3-56 所示。

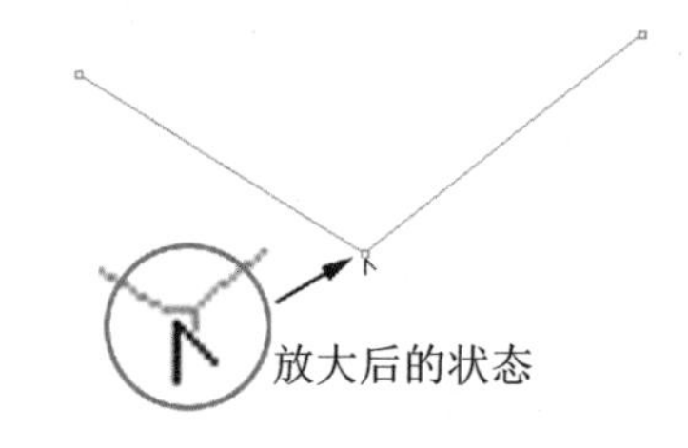

图 3-56　按住 Alt 键后的光标状态

（2）在使用路径选择工具时，如果按住 Alt 键，则路径上的定位点都以实心表示，如图 3-57 所示。此时继续按住 Alt 键，光标将呈现如图 3-58 所示的状态。当继续拖动鼠标指针时，将复制所选择的路径，如图 3-59 所示。

图 3-57　按住 Alt 键使用路径选择工具

图 3-58　继续按住 Alt 键后的光标状态

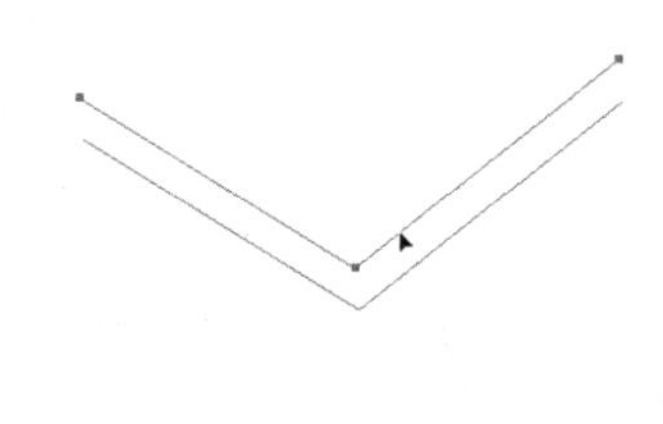

图 3-59　拖动鼠标指针复制路径

（3）按住 Alt 键并单击“路径”面板中的“将路径作为选区载入”按钮，弹出“建立选区”对话框，如图 3-60 所示。

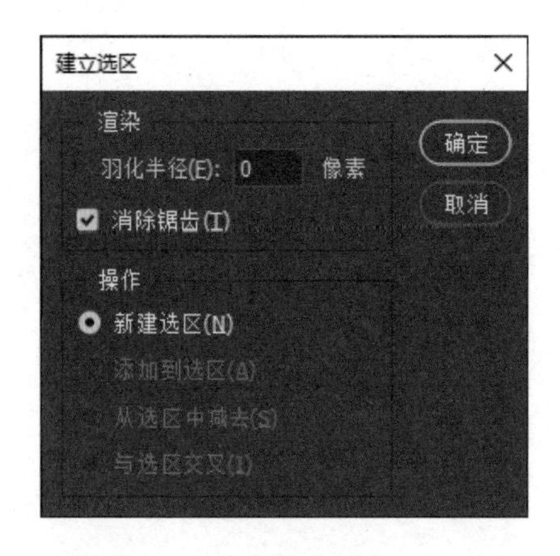

图 3-60　“建立选区”对话框

（4）如果对使用钢笔工具绘制的路径不满意，则可以按住 Ctrl 键将自由路径切换为直接选择工具来改变路径的形状。

实训 - 评价单

实训编号	3- 任务 3	实训名称	使用路径
评价项目		自评	教师评价
课堂表现	学习态度（20 分）		
	课堂参与（10 分）		
	团队合作（10 分）		
技能操作	路径的直线操作（20 分）		
	路径的曲线操作（20 分）		
	路径的使用技巧（20 分）		
评价时间	年　月　日	教师签字	

评价等级划分						
项目		A	B	C	D	E
课堂表现	学习态度	在积极主动、虚心求教、自主学习、细致严谨上表现优秀	在积极主动、虚心求教、自主学习、细致严谨上表现良好	在积极主动、虚心求教、自主学习、细致严谨上表现较好	在积极主动、虚心求教、自主学习、细致严谨上表现尚可	在积极主动、虚心求教、自主学习、细致严谨上表现不佳
	课堂参与	积极参与课堂活动，参与内容完成得很好	积极参与课堂活动，参与内容完成得好	积极参与课堂活动，参与内容完成得较好	能参与课堂活动，参与内容完成得一般	能参与课堂活动，参与内容完成得欠佳
	团队合作	具有很强的团队合作能力、能与老师和同学进行沟通交流	具有良好的团队合作能力、能与老师和同学进行沟通交流	具有较好的团队合作能力、尚能与老师和同学进行沟通交流	具有与团队进行合作的能力、与老师和同学进行沟通交流的能力一般	不具有与团队进行合作的能力、不能与老师和同学进行沟通交流
技能操作	路径的直线操作	能独立并熟练地完成	能独立并较熟练地完成	能在他人提示下顺利完成	能在他人帮助下完成	未能完成
	路径的曲线操作	能独立并熟练地完成	能独立并较熟练地完成	能在他人提示下顺利完成	能在他人帮助下完成	未能完成
	路径的使用技巧	能独立并熟练地完成	能独立并较熟练地完成	能在他人提示下顺利完成	能在他人帮助下完成	未能完成

实训 - 任务单

实训编号	3- 任务 4	实训名称	制作古书效果
实训内容	选区的操作及使用技巧		
实训目的	熟悉选区工具的使用性能，掌握选区工具的使用技巧，能使用选区工具绘制图形		

续表

实训编号	3- 任务 4	实训名称	制作古书效果
设备环境	台式计算机或笔记本电脑，建议使用 Windows 10 以上操作系统		
知识点	1．绘制古书的封面 2．制作古书的立体效果	技能	掌握使用选区工具制作古书的方法
所在班级		小组成员	
实训难度	中级	指导教师	
实施地点		实施日期	年　月　日
实施步骤	（1）新建一个图像文件 （2）使用选区工具绘制古书的封面 （3）制作古书的立体效果		
参考案例	制作 COC 轮胎公司标志		

（1）打开 Photoshop 窗口，选择“文件”→“新建”命令，在弹出的“新建文档”对话框中设置相应的参数，如图 3-61 所示，单击“创建”按钮，得到定制的画布。

图 3-61　设置“新建文档”对话框中的参数

（2）设置前景色为 #0a2850，按快捷键 Alt+Delete 给背景图层填充前景色，按快捷键 Ctrl+A 全选整个画布，选择“选择”→“变换选区”命令，调整选区，按 Enter 键确定选区变换，如图 3-62 所示。

图 3-62　变换选区后的效果

（3）设置前景色为 #f6efc9，背景色为 #600c49，选择工具箱中的工具，确认其属性栏中的“线性渐变”按钮处于选中状态。在选区内从左下角向右上角拖动鼠标指针，填充线性渐变颜色后的效果如图 3-63 所示。

图 3-63　给选区填充线性渐变颜色后的效果

（4）单击“图层”面板中的按钮新建一个图层，并命名为“书封面”，选择工具箱中的矩形选框工具，在画布上绘制如图 3-64 所示的矩形选区。设置前景色为 #295796，按快捷键 Alt+Delete 给矩形选区填充前景色，效果如图 3-65 所示。

图 3-64　绘制矩形选区（1）

图 3-65　给矩形选区填充前景色

（5）单击“图层”面板中的按钮新建一个图层，并命名为“装订线”，设置前景色为 # 9e9e9e，选择工具箱中的直线工具，在其属性栏中选择“形状”选项，设置直线粗细为 3 像素，按住 Shift 键在画布上绘制古书的装订线，如图 3-66 所示。

图 3-66　绘制古书的装订线

（6）单击“图层”面板中的按钮新建一个图层，并命名为“文字装饰边框线”，选择工具箱中的矩形选框工具，在画布上绘制如图 3-67 所示的矩形选区。按住 Shift 键在矩形选区中添加如图 3-68 所示的矩形选区，释放鼠标左键即可得到所添加的矩形选区。

图 3-67　绘制矩形选区（2）

图 3-68　在矩形选区中添加矩形选区

（7）设置前景色为 # fbfbfb，选择“编辑”→“描边”命令，在弹出的“描边”对话框中设置相应的参数，如图 3-69 所示，单击“确定”按钮，描边后的效果如图 3-70 所示。

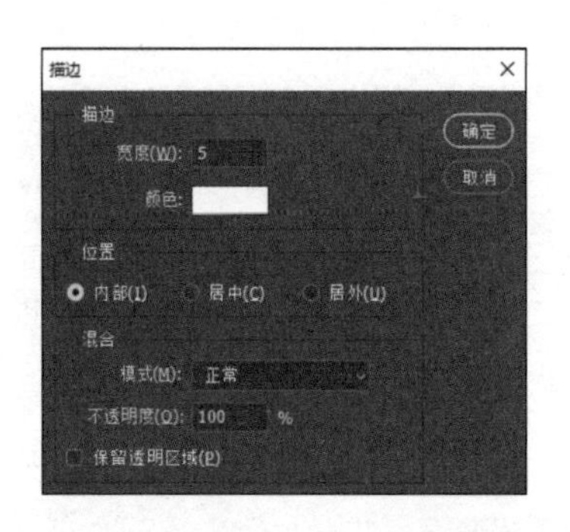

图 3-69　设置描边参数

图 3-70　描边后的效果

（8）选择“选择”→“修改”→“扩展”命令，在弹出的“扩展选区”对话框中设置扩展量为 10 像素，单击“确定”按钮，扩展后的选区效果如图 3-71 所示。选择“编辑”→“描边”命令，在弹出的“描边”对话框中设置描边宽度为 5 像素，单击“确定”按钮，扩展选区描边后的效果如图 3-72 所示，按快捷键 Ctrl+D 取消选区。

图 3-71　扩展后的选区效果

图 3-72　扩展选区描边后的效果

（9）选择工具箱中的竖排文字工具，在画布上单击并输入如图 3-73 所示的古书名称，设置字体为繁体，字号为 50 点。输入作者名字，设置字号为 17 点，调整其位置，如图 3-74 所示。

图 3-73　输入古书名称

图 3-74　输入作者名字

（10）在“图层”面板中选择“书封面”图层，并给除背景图层外的所有图层添加链接符，如图 3-75 所示，按快捷键 Ctrl+E 向下合并链接图层。接下来对封面进行纹理化。选择“滤镜”→“滤镜库”→“纹理化”命令，在弹出的“纹理化”对话框中设置相应的参数，如图 3-76 所示。

图 3-75　给图层添加链接符

图 3-76　设置纹理化滤镜参数

（11）单击“确定”按钮，添加纹理化滤镜后的效果如图 3-77 所示。按快捷键 Ctrl+T 对合并后的“书封面”进行自由变换，选择“编辑”→“变换路径”→“透视”命令，变换古书的封面，如图 3-78 所示（需要注意的是，透视效果一定要符合近大远小的透视规律）。

图 3-77　添加纹理化滤镜后的效果　　图 3-78　对古书的封面进行自由变换后的效果

（12）按住 Ctrl 键，单击“图层”面板中的“书封面”载入该图层选区。按快捷键 Ctrl+Shift+I 对选区进行反向选取，如图 3-79 所示。选择工具箱中的工具，按住 Alt 键创建如图 3-80 所示的选区。

图 3-79　对选区进行反向选取　　图 3-80　按住 Alt 键创建选区

（13）设置前景色为 # bed9F7，单击“图层”面板中的“锁定透明像素”按钮锁定图像透明区域。选择“编辑”→“描边”命令，在弹出的“描边”对话框中设置描边宽度为 1 像素，位置为居中，单击“确定”按钮，此时“书封面”上被选区选择的不透明区域会有一条很细的描边线，效果如图 3-81 所示。

（14）再次按快捷键 Ctrl+Shift+I 对选区进行反向选取，并单击“图层”面板中的“锁定透明像素”按钮取消锁定透明像素。选择工具箱中的移动工具，先按住 Alt 键，再利用方向键↑复制选区内的图像，如图 3-82 所示。

图 3-81　对锁定透明像素的选区进行描边　　图 3-82　复制选区内图像后的效果

（15）设置前景色为#525e6c，选择工具箱中的直线工具，在其属性栏中选择“形状”选项，设置直线粗细为5像素，在画布上绘制古书封面受光部的厚度，如图3-83所示。设置前景色为# 32383e，绘制古书封面背光部的厚度，如图3-84所示。

图3-83　绘制古书封面受光部的厚度

图3-84　绘制古书封面背光部的厚度

（16）单击“图层”面板中的“添加图层样式”下拉按钮，在弹出的“图层样式”下拉列表中选择“投影”选项，弹出“图层样式”对话框，设置投影样式参数，如图3-85所示，单击“确定”按钮，添加投影样式后的效果如图3-86所示。

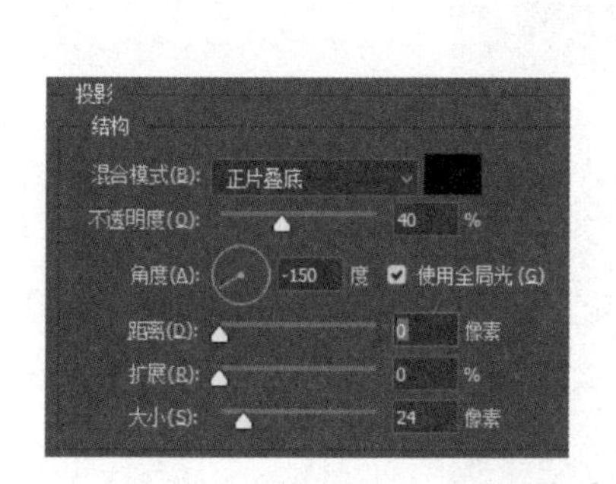

图3-85　设置投影样式参数

图3-86　添加投影样式后的效果

（17）打开素材文件“古楼.png”，如图3-87所示，将该图像拖动到“制作古书效果”文件中，自由变换该图像的形状，如图3-88所示，为图层重命名为“古楼”。

图3-87　打开素材文件“古楼.png”

图3-88　自由变换素材图像的形状

（18）在“图层”面板中设置“古楼”图层的混合模式为“柔光”，效果如图 3-89 所示。单击“图层”面板中的“添加图层蒙版”按钮，为“古楼”图层添加图层蒙版，设置前景色为 # 000000，选择工具箱中的画笔工具，在图像的边缘涂抹，效果如图 3-90 所示。

图 3-89　设置图层混合模式为“柔光”后的效果

图 3-90　添加图层蒙版并处理后的效果

（19）按快捷键 Ctrl+E 将蒙版图层向下合并，确认工具箱中的移动工具处于选中状态，按住 Alt 键复制一个副本图层，并调整副本图层图像的位置。至此，古书效果制作完成，如图 3-91 所示。

图 3-91　制作完成的古书效果

实训 - 评价单

实训编号	3- 任务 4	实训名称	制作古书效果
评价项目		自评	教师评价
课堂表现	学习态度（20 分）		
	课堂参与（10 分）		
	团队合作（10 分）		
技能操作	绘制古书的封面（30 分）		
	制作古书的立体效果（30 分）		
评价时间	年　月　日	教师签字	

续表

评价等级划分						
项目		A	B	C	D	E
课堂表现	学习态度	在积极主动、虚心求教、自主学习、细致严谨上表现优秀	在积极主动、虚心求教、自主学习、细致严谨上表现良好	在积极主动、虚心求教、自主学习、细致严谨上表现较好	在积极主动、虚心求教、自主学习、细致严谨上表现尚可	在积极主动、虚心求教、自主学习、细致严谨上表现不佳
	课堂参与	积极参与课堂活动，参与内容完成得很好	积极参与课堂活动，参与内容完成得好	积极参与课堂活动，参与内容完成得较好	能参与课堂活动，参与内容完成得一般	能参与课堂活动，参与内容完成得欠佳
	团队合作	具有很强的团队合作能力、能与老师和同学进行沟通交流	具有良好的团队合作能力、能与老师和同学进行沟通交流	具有较好的团队合作能力、尚能与老师和同学进行沟通交流	具有与团队进行合作的能力、与老师和同学进行沟通交流的能力一般	不具有与团队进行合作的能力、不能与老师和同学进行沟通交流
技能操作	绘制古书的封面	能独立并熟练地完成	能独立并较熟练地完成	能在他人提示下顺利完成	能在他人帮助下完成	未能完成
	制作古书的立体效果	能独立并熟练地完成	能独立并较熟练地完成	能在他人提示下顺利完成	能在他人帮助下完成	未能完成

实训 - 任务单

实训编号	3- 任务 5	实训名称	制作邮票效果
实训内容	路径的操作及使用技巧		
实训目的	熟悉矩形工具的使用技巧，掌握矩形工具属性栏的操作方法，以及路径和选区的转换方法，能使用横排文字工具和投影样式制作邮票		
设备环境	台式计算机或笔记本电脑，建议使用 Windows 10 以上操作系统		
知识点	1. 矩形工具的使用 2. 路径与选区的转换 3. 橡皮擦工具的使用 4. 横排文字工具的使用 5. 设置图层样式	技能	掌握使用矩形工具制作邮票效果的方法
所在班级		小组成员	
实训难度	中级	指导教师	
实施地点		实施日期	年　月　日
实施步骤	（1）打开素材文件“邮票制作图像原图 .jpg” （2）使用矩形工具、橡皮擦工具、横排文字工具制作单张邮票 （3）使用填充功能制作一版邮票		
参考案例	绘制荷花		

（1）启动 Photoshop，打开素材文件“邮票制作图像原图 .jpg”，如图 3-92 所示。选择工具箱中的矩形工具，在其属性栏中选择“形状”选项，在画布上绘制如图 3-93 所示的路径形状。

图 3-92　打开素材文件“邮票制作图像原图 .jpg”　　图 3-93　绘制路径形状（1）

（2）先按快捷键 Ctrl+Enter 将路径转换为选区，再按快捷键 Ctrl+Shift+I 对选区进行反向选取。设置前景色为 # ffffff，按快捷键 Alt+Delete 给选区填充前景色，效果如图 3-94 所示，按快捷键 Ctrl+D 取消选区。

图 3-94　给选区填充前景色

（3）选择工具箱中的矩形工具，在其属性栏中选择“路径”选项，在画布上绘制如图 3-95 所示的路径形状，注意四边的边距要基本一致。选择工具箱中的背景橡皮擦工具，在画布上右击，在弹出的面板中设置橡皮擦参数，如图 3-96 所示。

图 3-95　绘制路径形状（2）

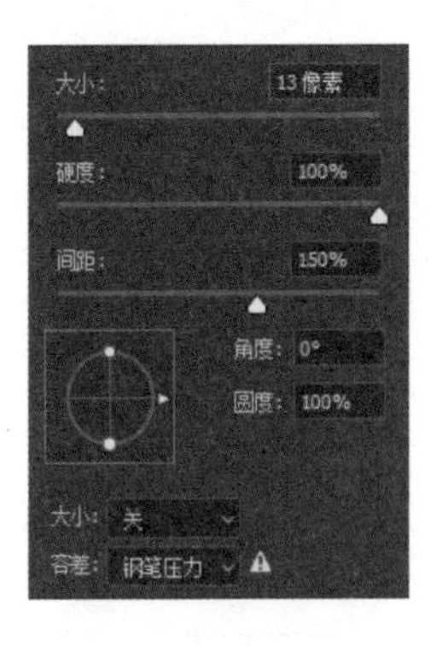

图 3-96　设置橡皮擦参数

（4）设置完橡皮擦参数后，按两次 Enter 键对路径进行描边处理，效果如图 3-97 所示，按快捷键 Ctrl+H 隐藏路径。选择工具箱中的横排文字工具 T，在邮票上分别输入如图 3-98 所示的文字。

图 3-97　对路径进行描边处理

图 3-98　在邮票上输入文字

（5）按快捷键 Ctrl+Shift+E 合并所有图层。按快捷键 Ctrl+H 取消路径隐藏，按快捷键 Ctrl+Enter 将路径转换为选区，选择“编辑”→“定义图案”命令，在弹出的“图案名称”对话框中将其命名为“邮票”，单击“确定”按钮。

（6）按快捷键 Ctrl+N 新建一个图像文件，其参数设置如图 3-99 所示，单击“创建”按钮，得到新建的图像文件。按快捷键 Ctrl+Shift+Alt+N 新建图层，按快捷键 Shift+Backspace 弹出“填充”对话框，在“填充”对话框中选择刚才定义的“邮票”图案，单击“确定”按钮，效果如图 3-100 所示。

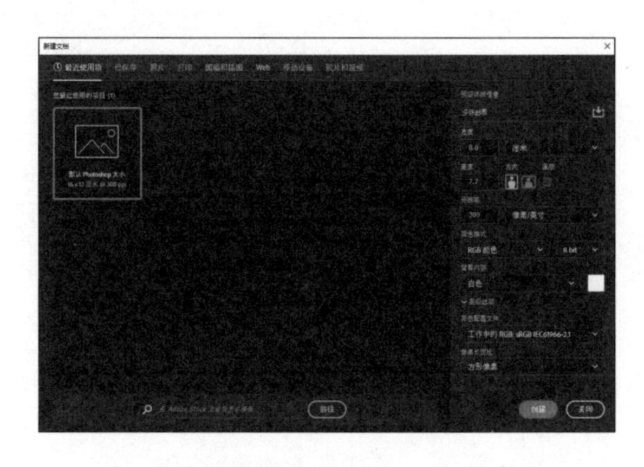

图 3-99　设置新建图像文件的参数

图 3-100　填充定义的邮票图案

（7）单击“图层”面板中的“添加图层样式”下拉按钮 fx，在弹出的“图层样式”下拉列表中选择“投影”选项，弹出“图层样式”对话框，设置投影样式参数，如图 3-101 所示。单击“确定”按钮，添加投影样式后的邮票效果如图 3-102 所示。

图 3-101　设置投影样式参数

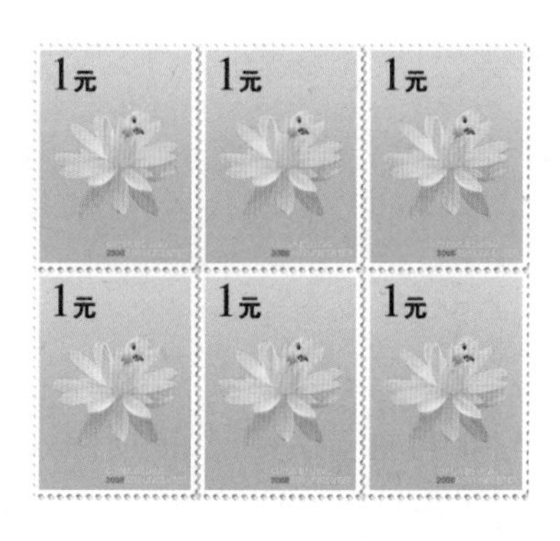

图 3-102　添加投影样式后的邮票效果

实训 - 评价单

<table>
<tr><th>实训编号</th><th>3- 任务 5</th><th>实训名称</th><th>制作邮票效果</th></tr>
<tr><td colspan="2">评价项目</td><td>自评</td><td>教师评价</td></tr>
<tr><td rowspan="3">课堂表现</td><td>学习态度（20 分）</td><td></td><td></td></tr>
<tr><td>课堂参与（10 分）</td><td></td><td></td></tr>
<tr><td>团队合作（10 分）</td><td></td><td></td></tr>
<tr><td rowspan="2">技能操作</td><td>制作一张邮票（30 分）</td><td></td><td></td></tr>
<tr><td>制作一版邮票（30 分）</td><td></td><td></td></tr>
<tr><td>评价时间</td><td>年　月　日</td><td>教师签字</td><td></td></tr>
</table>

<table>
<tr><th colspan="7">评价等级划分</th></tr>
<tr><td colspan="2">项目</td><td>A</td><td>B</td><td>C</td><td>D</td><td>E</td></tr>
<tr><td rowspan="3">课堂表现</td><td>学习态度</td><td>在积极主动、虚心求教、自主学习、细致严谨上表现优秀</td><td>在积极主动、虚心求教、自主学习、细致严谨上表现良好</td><td>在积极主动、虚心求教、自主学习、细致严谨上表现较好</td><td>在积极主动、虚心求教、自主学习、细致严谨上表现尚可</td><td>在积极主动、虚心求教、自主学习、细致严谨上表现不佳</td></tr>
<tr><td>课堂参与</td><td>积极参与课堂活动，参与内容完成得很好</td><td>积极参与课堂活动，参与内容完成得好</td><td>积极参与课堂活动，参与内容完成得较好</td><td>能参与课堂活动，参与内容完成得一般</td><td>能参与课堂活动，参与内容完成得欠佳</td></tr>
<tr><td>团队合作</td><td>具有很强的团队合作能力、能与老师和同学进行沟通交流</td><td>具有良好的团队合作能力、能与老师和同学进行沟通交流</td><td>具有较好的团队合作能力、尚能与老师和同学进行沟通交流</td><td>具有与团队进行合作的能力、与老师和同学进行沟通交流的能力一般</td><td>不具有与团队进行合作的能力、不能与老师和同学进行沟通交流</td></tr>
<tr><td rowspan="2">技能操作</td><td>制作一张邮票</td><td>能独立并熟练地完成</td><td>能独立并较熟练地完成</td><td>能在他人提示下顺利完成</td><td>能在他人帮助下完成</td><td>未能完成</td></tr>
<tr><td>制作一版邮票</td><td>能独立并熟练地完成</td><td>能独立并较熟练地完成</td><td>能在他人提示下顺利完成</td><td>能在他人帮助下完成</td><td>未能完成</td></tr>
</table>

实训 - 任务单

实训编号	3- 任务 6	实训名称	制作信封效果
实训内容	选区综合应用		
实训目的	熟悉矩形选框工具的操作方法，掌握选区变换的操作方法，以及“曲线”命令的使用技巧		
设备环境	台式计算机或笔记本电脑，建议使用 Windows 10 以上操作系统		
知识点	1．矩形选框工具的使用 2．透视变换选区的操作 3．“曲线”命令与“描边”命令的使用 4．直线工具的使用	技能	掌握综合使用矩形选框工具、直线工具、“变换选区”命令、“描边”命令等制作信封效果的方法
所在班级		小组成员	
实训难度	中级	指导教师	
实施地点		实施日期	年　月　日
实施步骤	（1）新建一个图像文件 （2）使用矩形选框工具及“曲线”命令制作信封封面 （3）使用“描边”命令、直线工具等制作完整信封		
参考案例	绘制荷花		

（1）打开 Photoshop 窗口，选择“文件”→“新建”命令，在弹出的“新建文档”对话框中设置相应的参数，如图 3-103 所示，单击“创建”按钮，新建一个图像文件。

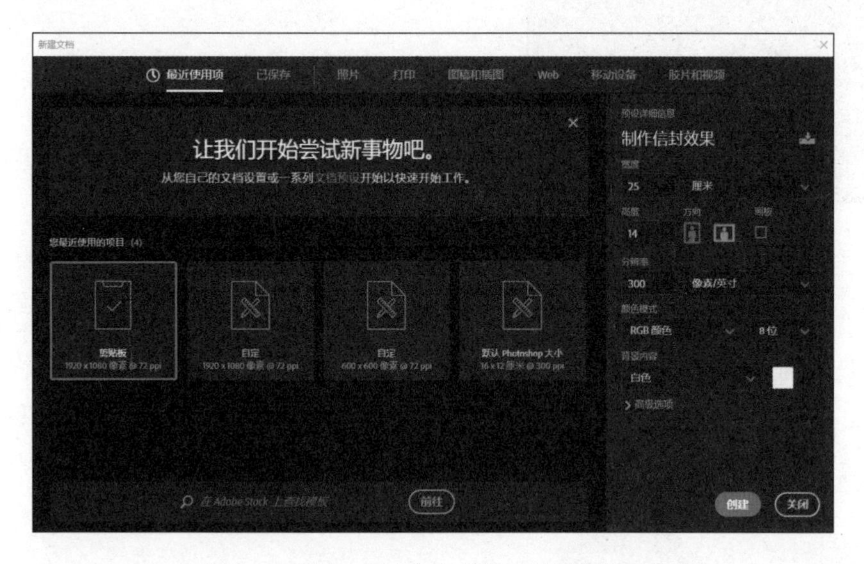

图 3-103　设置“新建文档”对话框中的参数

（2）按快捷键 Ctrl+Shift+Alt+N 新建图层，选择工具箱中的矩形选框工具，在画布上绘制如图 3-104 所示的矩形选区。设置前景色为 # f3cb8c，按快捷键 Alt+Delete 给矩形选区填充前景色，效果如图 3-105 所示。

图 3-104　绘制矩形选区（1）

图 3-105　给矩形选区填充前景色

（3）选择“选择”→“变换选区”命令，变换选区后的效果如图 3-106 所示，按 Enter 键确定选区变换。按快捷键 Ctrl+T 对选区内的图像进行自由变换，右击，在弹出的快捷菜单中选择“透视”命令，变换选区内的图像形状，如图 3-107 所示，按 Enter 键确定自由变换。

图 3-106　变换选区后的效果

图 3-107　透视变换选区内的图像

（4）按快捷键 Ctrl+M 弹出“曲线”对话框，设置曲线状态，如图 3-108 所示。单击“确定”按钮，按快捷键 Ctrl+D 取消选区，效果如图 3-109 所示。

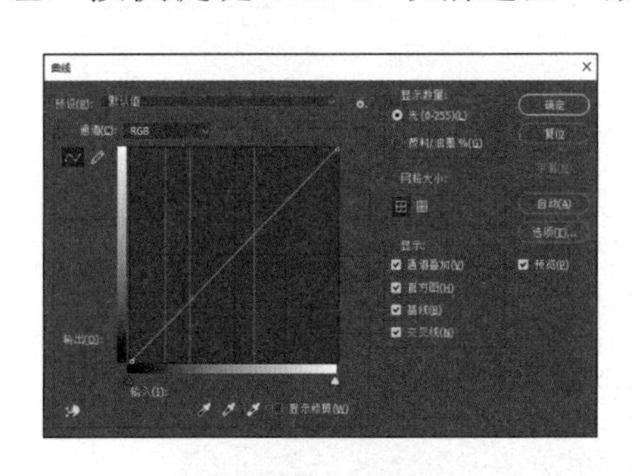

图 3-108　设置曲线状态

图 3-109　调整曲线后的效果

（5）按快捷键 Ctrl+Shift+Alt+N 新建图层，选择工具箱中的矩形选框工具，按住 Shift 键在画布上绘制如图 3-110 所示的矩形选区。设置前景色为 # f64634，选择“编辑”→“描边”命令，在弹出的“描边”对话框中设置描边宽度为 5 像素，单击“确定”按钮，按快捷键 Ctrl+D 取消选区，效果如图 3-111 所示。

图 3-110　绘制矩形选区（2）

图 3-111　对矩形选区进行描边后的效果

（6）按住快捷键 Ctrl+Alt+Shift 向右拖动鼠标指针，复制多个方框，如图 3-112 所示。按快捷键 Ctrl+E 将所复制的几个方框合并为一个图层，按住快捷键 Ctrl+Alt 拖动鼠标指针，复制合并后的方框，如图 3-113 所示。

图 3-112　复制多个方框

图 3-113　复制合并后的方框

（7）选择工具箱中的直线工具，在其属性栏中选择“形状”选项，设置直线粗细为 6 像素，按住 Shift 键在画布上绘制 3 条直线，至此，信封效果制作完成，如图 3-114 所示。

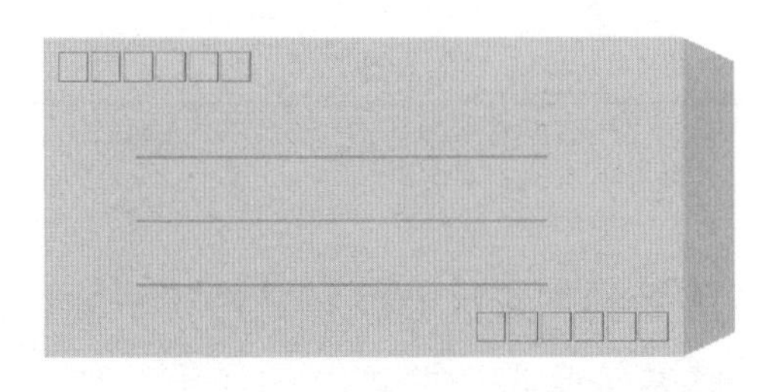
图 3-114　制作完成的信封效果

实训 - 评价单

<table>
<tr><td colspan="2">实训编号</td><td colspan="2">3- 任务 6</td><td>实训名称</td><td colspan="2">制作信封效果</td></tr>
<tr><td colspan="4">评价项目</td><td>自评</td><td colspan="2">教师评价</td></tr>
<tr><td colspan="2" rowspan="3">课堂表现</td><td colspan="2">学习态度（20 分）</td><td></td><td colspan="2"></td></tr>
<tr><td colspan="2">课堂参与（10 分）</td><td></td><td colspan="2"></td></tr>
<tr><td colspan="2">团队合作（10 分）</td><td></td><td colspan="2"></td></tr>
<tr><td colspan="2" rowspan="2">技能操作</td><td colspan="2">制作信封封面（30 分）</td><td></td><td colspan="2"></td></tr>
<tr><td colspan="2">制作完整信封（30 分）</td><td></td><td colspan="2"></td></tr>
<tr><td colspan="2">评价时间</td><td colspan="2">年　月　日</td><td>教师签字</td><td colspan="2"></td></tr>
<tr><td colspan="7">评价等级划分</td></tr>
<tr><td colspan="2">项目</td><td>A</td><td>B</td><td>C</td><td>D</td><td>E</td></tr>
<tr><td>课堂表现</td><td>学习态度</td><td>在积极主动、虚心求教、自主学习、细致严谨上表现优秀</td><td>在积极主动、虚心求教、自主学习、细致严谨上表现良好</td><td>在积极主动、虚心求教、自主学习、细致严谨上表现较好</td><td>在积极主动、虚心求教、自主学习、细致严谨上表现尚可</td><td>在积极主动、虚心求教、自主学习、细致严谨上表现不佳</td></tr>
</table>

续表

项目		A	B	C	D	E
课堂表现	课堂参与	积极参与课堂活动，参与内容完成得很好	积极参与课堂活动，参与内容完成得好	积极参与课堂活动，参与内容完成得较好	能参与课堂活动，参与内容完成得一般	能参与课堂活动，参与内容完成得欠佳
	团队合作	具有很强的团队合作能力、能与老师和同学进行沟通交流	具有良好的团队合作能力、能与老师和同学进行沟通交流	具有较好的团队合作能力、尚能与老师和同学进行沟通交流	具有与团队进行合作的能力、与老师和同学进行沟通交流的能力一般	不具有与团队进行合作的能力、不能与老师和同学进行沟通交流
技能操作	制作信封封面	能独立并熟练地完成	能独立并较熟练地完成	能在他人提示下顺利完成	能在他人帮助下完成	未能完成
	制作完整信封	能独立并熟练地完成	能独立并较熟练地完成	能在他人提示下顺利完成	能在他人帮助下完成	未能完成

技术点评

从前面练习的案例中可以感受到，选区及路径是进行平面设计造型的主要工具，使用频率高。读者通过练习案例，能够熟练掌握这些工具的使用技巧。

技能检测

（1）选择矩形选框工具，并单击其属性栏中的“添加到选区”按钮绘制一个“十”字形选区，如图 3-115（a）、图 3-115（b）所示。选择椭圆选框工具，并单击其属性栏中的“从选区中减去”按钮绘制一个月亮形状选区，如图 3-116（a）、图 3-116（b）所示。

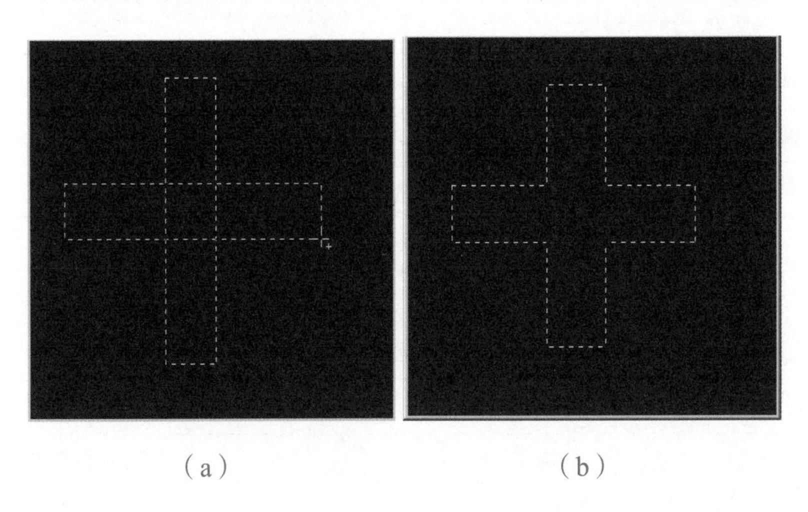

（a）　　（b）

图 3-115　绘制“十”字形选区

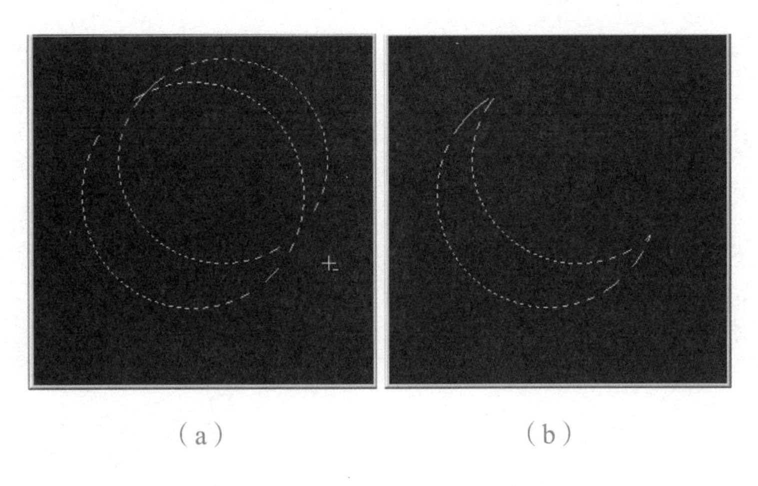

（a）　　　　（b）

图 3-116　绘制月亮形状选区

（2）绘制直线路径，复制一条所绘制的路径，使用画笔工具对路径进行描边，先将画笔的大小设置为 10 像素，再进行描边。在路径上添加锚点并变形路径，如图 3-117 所示。

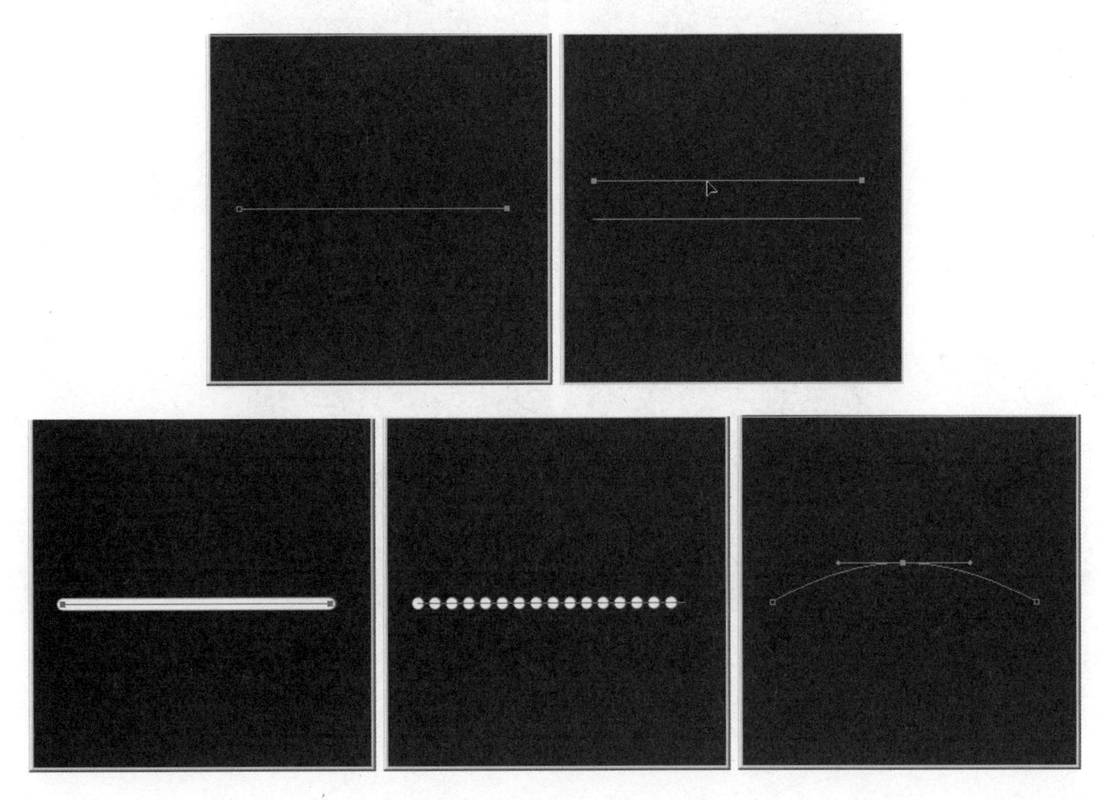

图 3-117　利用路径绘制形状

（3）使用钢笔工具绘制一条 S 形的开放曲线路径，如图 3-118 所示。

（4）使用钢笔工具绘制一个由 4 个锚点构成的心形，如图 3-119 所示。

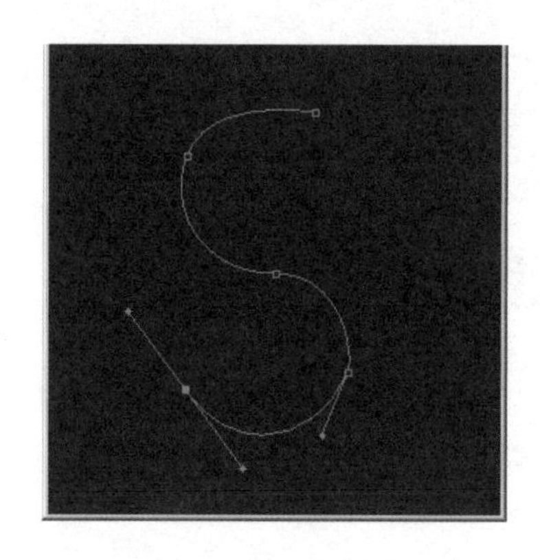

图 3-118　绘制 S 形的开放曲线路径

图 3-119　绘制心形

（5）首先使用椭圆选框工具绘制一个正圆选区，其次将其转换为路径，再次使用直接选择工具及转换定点工具把路径形状调整为矩形，最后将路径转换为选区，如图 3-120 所示。

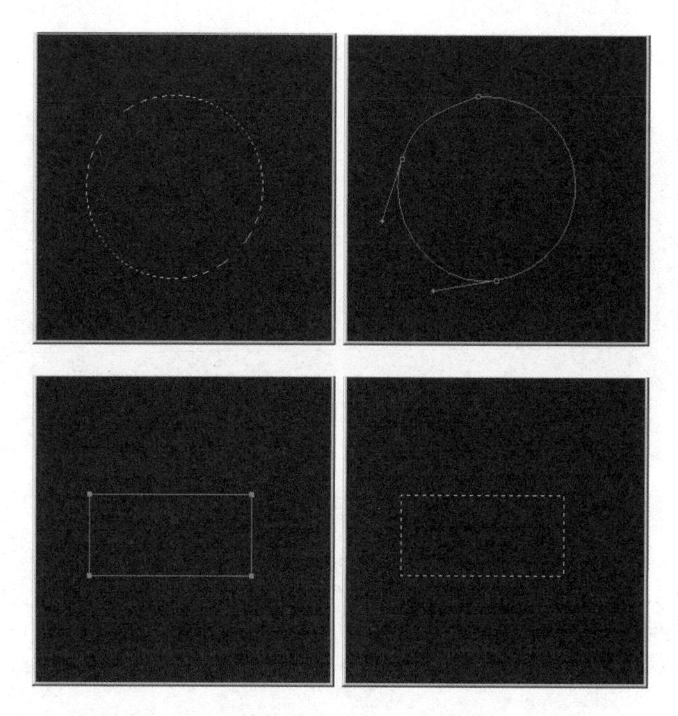

图 3-120　利用路径转换为选区功能绘制图形

项目 4

浮动控制面板

实训 - 任务单

实训编号	4- 任务 1	实训名称	图层蒙版的应用——制作文字穿插效果
实训内容	图层蒙版的应用		
实训目的	加深对图层蒙版的理解与使用		
设备环境	台式计算机或笔记本电脑，建议使用 Windows 10 以上操作系统		
知识点	1. 文字的输入 2. 字间距的调整 3. 图层蒙版的添加和调整 4. 图层蒙版的复制	技能	掌握图层蒙版的添加、调整和复制的操作方法
所在班级		小组成员	
实训难度	中级	指导教师	
实施地点		实施日期	年　月　日
实施步骤	（1）新建一个图像文件 （2）导入图像 （3）输入文字并调整字间距 （4）为文字添加图层蒙版，并调整图层蒙版范围 （5）绘制渐变颜色 （6）为渐变颜色添加图层蒙版		
参考案例	制作茶叶广告		

（1）打开 Photoshop 窗口，选择“文件”→“新建”命令，在弹出的“新建文档”对话框中设置相应的参数，如图 4-1 所示，单击“创建”按钮，得到定制的画布。

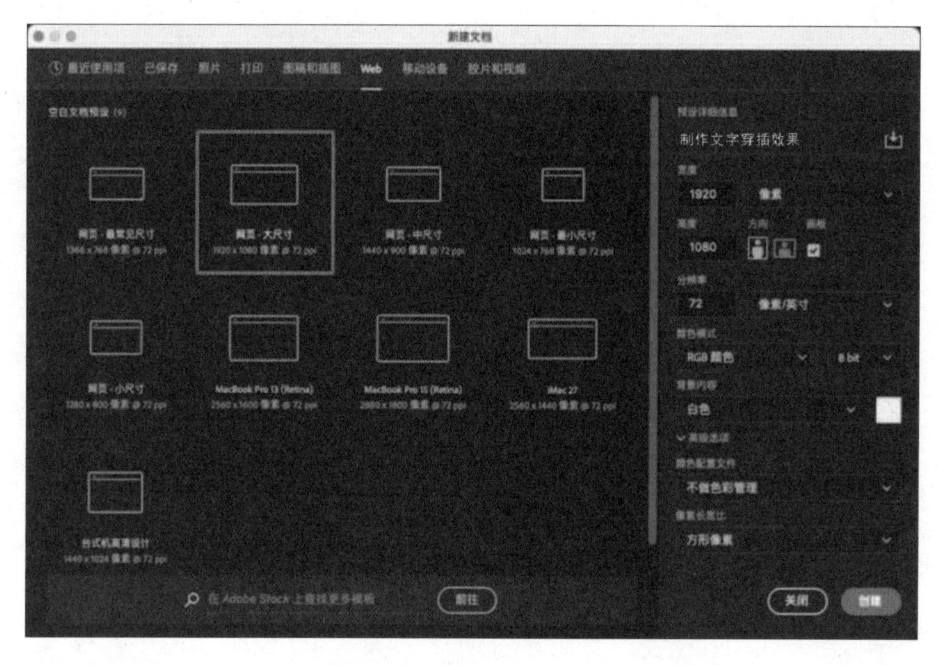

图 4-1　设置“新建文档”对话框中的参数

（2）打开素材文件“绿叶 .jpg”，将“绿叶”图像拖动到“制作文字穿插效果”文件中，调整大小及其位置，如图 4-2 所示。

图 4-2　导入素材文件“绿叶 .jpg”并调整图像大小及其位置

（3）选择工具箱中的T按钮，切换为横排文字工具，输入文字“春天”，调整字号及字间距，效果如图 4-3 所示。

图 4-3　输入与设置文字“春天”

（4）单击“图层”面板中的按钮，为“春天”文字图层添加图层蒙版，选择工具箱中的工具，切换为画笔工具，在画板中右击，在弹出的面板中设置画笔参数，如图 4-4 所示。

（5）选中图层蒙版缩览图，设置前景色为 #000000，使用画笔工具绘制选区，对“春天”文字进行局部不可见设置，呈现出文字穿插效果，如图 4-5 所示。

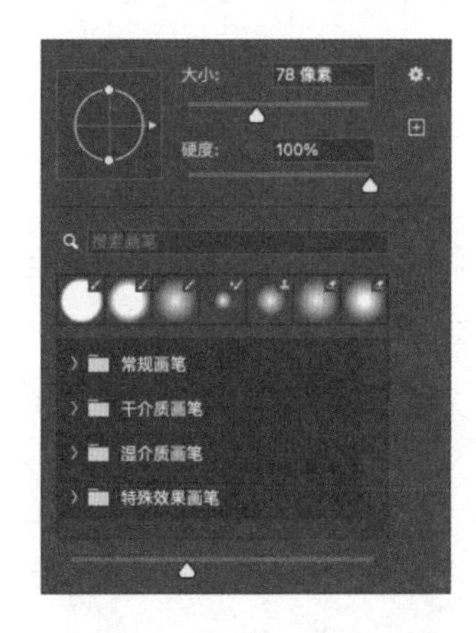

图 4-4　设置画笔参数

图 4-5　使用蒙版制作文字穿插效果

（6）按住 Ctrl 键，单击“春天”文字图层，创建文本选区，如图 4-6 所示。选择工具箱中的■工具，切换为渐变工具，设置前景色为 #043c02，选择渐变样式如图 4-7 所示。在选区内绘制渐变颜色，如图 4-8 所示。

图 4-6　创建文本选区

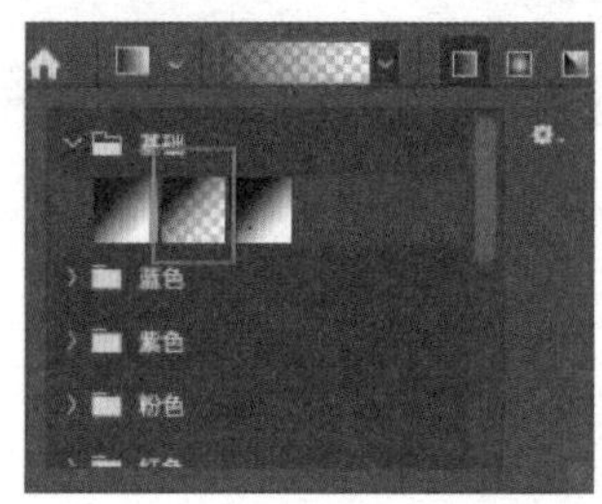

图 4-7　选择渐变样式

图 4-8　绘制渐变颜色

（7）按住 Alt 键，将“春天”文字图层的图层蒙版缩览图拖动到渐变图层，即可为渐变图层添加相同的图层蒙版，将渐变图层的不透明度调整为 78%，这样文字穿插效果就制作完了，效果如图 4-9 所示。

图 4-9　文字穿插效果

实训 - 评价单

<table>
<tr><td colspan="2">实训编号</td><td colspan="2">4- 任务 1</td><td>实训名称</td><td colspan="2">图层蒙版的应用——制作文字穿插效果</td></tr>
<tr><td colspan="4">评价项目</td><td>自评</td><td colspan="2">教师评价</td></tr>
<tr><td colspan="2" rowspan="3">课堂表现</td><td colspan="2">学习态度（20 分）</td><td></td><td colspan="2"></td></tr>
<tr><td colspan="2">课堂参与（10 分）</td><td></td><td colspan="2"></td></tr>
<tr><td colspan="2">团队合作（10 分）</td><td></td><td colspan="2"></td></tr>
<tr><td colspan="2" rowspan="2">技能操作</td><td colspan="2">图层蒙版的添加和调整（30 分）</td><td></td><td colspan="2"></td></tr>
<tr><td colspan="2">图层蒙版的复制（30 分）</td><td></td><td colspan="2"></td></tr>
<tr><td colspan="2">评价时间</td><td colspan="2">年　月　日</td><td>教师签字</td><td colspan="2"></td></tr>
<tr><td colspan="7">评价等级划分</td></tr>
<tr><td colspan="2">项目</td><td>A</td><td>B</td><td>C</td><td>D</td><td>E</td></tr>
<tr><td rowspan="3">课堂表现</td><td>学习态度</td><td>在积极主动、虚心求教、自主学习、细致严谨上表现优秀</td><td>在积极主动、虚心求教、自主学习、细致严谨上表现良好</td><td>在积极主动、虚心求教、自主学习、细致严谨上表现较好</td><td>在积极主动、虚心求教、自主学习、细致严谨上表现尚可</td><td>在积极主动、虚心求教、自主学习、细致严谨上表现不佳</td></tr>
<tr><td>课堂参与</td><td>积极参与课堂活动，参与内容完成得很好</td><td>积极参与课堂活动，参与内容完成得好</td><td>积极参与课堂活动，参与内容完成得较好</td><td>能参与课堂活动，参与内容完成得一般</td><td>能参与课堂活动，参与内容完成得欠佳</td></tr>
<tr><td>团队合作</td><td>具有很强的团队合作能力、能与老师和同学进行沟通交流</td><td>具有良好的团队合作能力、能与老师和同学进行沟通交流</td><td>具有较好的团队合作能力、尚能与老师和同学进行沟通交流</td><td>具有与团队进行合作的能力、与老师和同学进行沟通交流的能力一般</td><td>不具有与团队进行合作的能力、不能与老师和同学进行沟通交流</td></tr>
<tr><td rowspan="2">技能操作</td><td>图层蒙版的添加和调整</td><td>能独立并熟练地完成</td><td>能独立并较熟练地完成</td><td>能在他人提示下顺利完成</td><td>能在他人帮助下完成</td><td>未能完成</td></tr>
<tr><td>图层蒙版的复制</td><td>能独立并熟练地完成</td><td>能独立并较熟练地完成</td><td>能在他人提示下顺利完成</td><td>能在他人帮助下完成</td><td>未能完成</td></tr>
</table>

实训 - 任务单

<table>
<tr><td>实训编号</td><td>4- 任务 2</td><td>实训名称</td><td>动作的应用——制作艺术相框</td></tr>
<tr><td>实训内容</td><td colspan="3">动作的应用</td></tr>
<tr><td>实训目的</td><td colspan="3">更好地掌握动作的应用方法，巧妙地提升工作效率</td></tr>
<tr><td>设备环境</td><td colspan="3">台式计算机或笔记本电脑，建议使用 Windows 10 以上操作系统</td></tr>
<tr><td>知识点</td><td>1．动作的创建
2．动作的使用</td><td>技能</td><td>掌握创建动作的方法，能够使用动作批量完成制作</td></tr>
</table>

续表

实训编号	4- 任务 2	实训名称	动作的应用——制作艺术相框
所在班级		小组成员	
实训难度	中级	指导教师	
实施地点		实施日期	年　月　日
实施步骤	（1）新建动作 （2）录制制作艺术相框的过程 （3）打开新的图像并使用动作		
参考案例	制作茶叶广告		

（1）下面为上述文字穿插效果图像制作一个艺术相框，并录制动作。按快捷键 Ctrl+E 将蒙版图层与背景图层合并为一个图层，合并图层后的“图层”面板效果如图 4-10 所示。

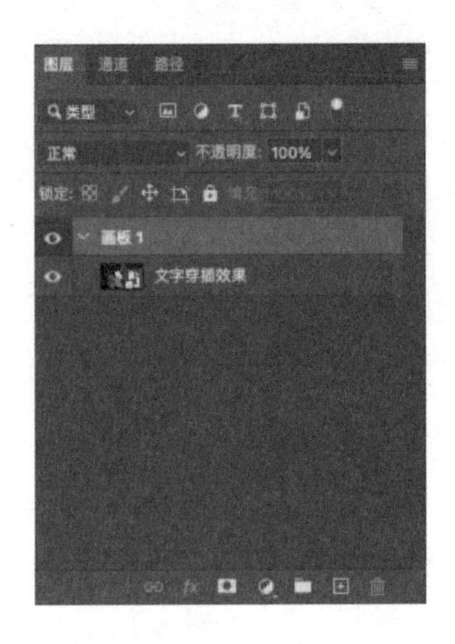

图 4-10　合并图层后的“图层”面板效果

（2）选择“窗口”→“动作”命令，弹出“动作”面板，如图 4-11 所示。单击“动作”面板中的⊞按钮，在弹出的“新建动作”对话框的“名称”文本框中输入“艺术相框制作”，如图 4-12 所示。

图 4-11　“动作”面板

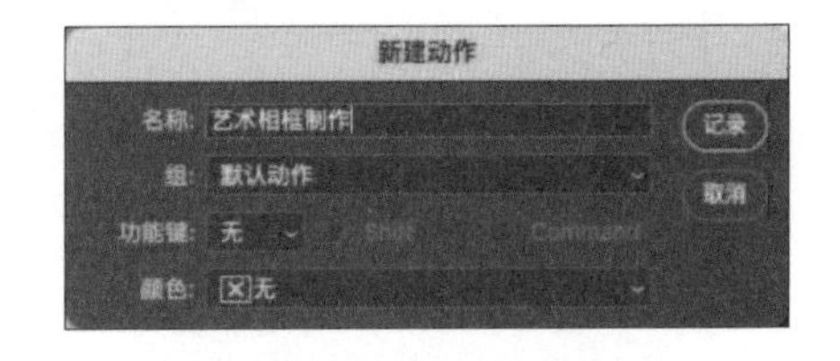

图 4-12　为艺术相框命名

（3）单击“记录”按钮，开始记录动作。此时“动作”面板中的“记录”按钮呈红色显示状态，如图 4-13 所示。按快捷键 Ctrl+A 全选整个画布，选择“选择”→“变换选区”命令。将鼠标指针放置在变换选区控制框的右上角，按住快捷键 Shift+Alt，进行中心缩放选区，如图 4-14 所示，按 Enter 键确定选区变换。

图 4-13　“记录”按钮呈红色显示状态

图 4-14　中心缩放选区（1）

（4）按快捷键 Ctrl+Shift+I 对变换后的选区进行反向选取，单击“图层”面板中的 ⊞ 按钮新建一个图层，设置前景色为 # 616161，按快捷键 Alt+Delete 给选区填充前景色，效果如图 4-15 所示。

图 4-15　给选区填充前景色后的效果（1）

（5）双击填充完前景色的图层，添加图层样式“斜面和浮雕”，参数设置如图 4-16 所示。

（6）按快捷键 Ctrl+D 取消选区。按快捷键 Ctrl+T 对相框进行自由变换，将鼠标指针放置在变换选区控制框的右上角，按住快捷键 Shift+Alt，进行中心缩放选区，如图 4-17 所示，按 Enter 键确定选区变换。

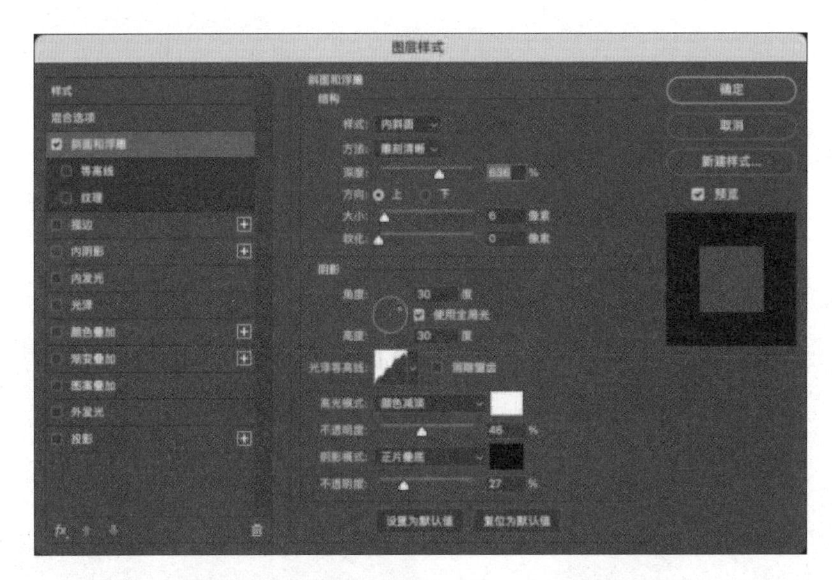

图 4-16 “斜面和浮雕”样式的参数设置

图 4-17 中心缩放选区后的边框效果

（7）按快捷键 Ctrl+A 全选整个画布，选择“选择”→“变换选区”命令。将鼠标指针放置在变换选区控制框的右上角，按住快捷键 Shift+Alt，进行中心缩放选区，如图 4-18 所示，按 Enter 键确定选区变换。

图 4-18 中心缩放选区（2）

（8）按快捷键 Ctrl+Shift+I 对变换后的选区进行反向选取，单击“图层”面板中的 按钮新建一个图层，设置前景色为 # ffffff，按快捷键 Alt+Delete 给选区填充前景色，效果如图 4-19 所示。

图 4-19　给选区填充前景色后的效果（2）

（9）单击“动作”面板中的 按钮停止动作录制。此时“动作”面板的记录动作状态如图 4-20 所示。按快捷键 Ctrl+O 打开素材文件“古镇街景 .jpg”，选中动作“艺术相框制作”，单击“动作”面板中的 按钮，应用刚才录制的动作，效果如图 4-21 所示。

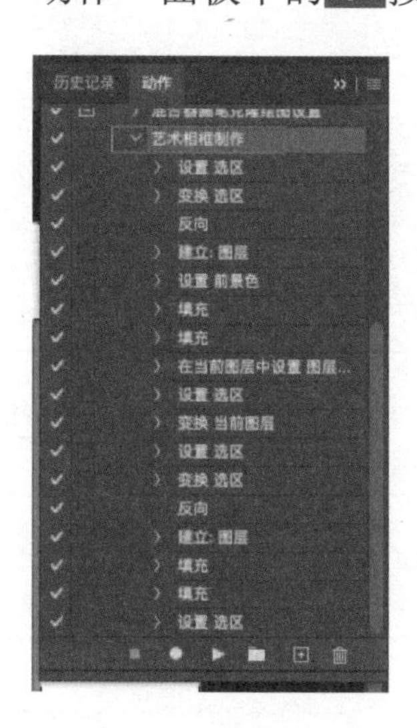

图 4-20　“动作”面板中的记录动作状态

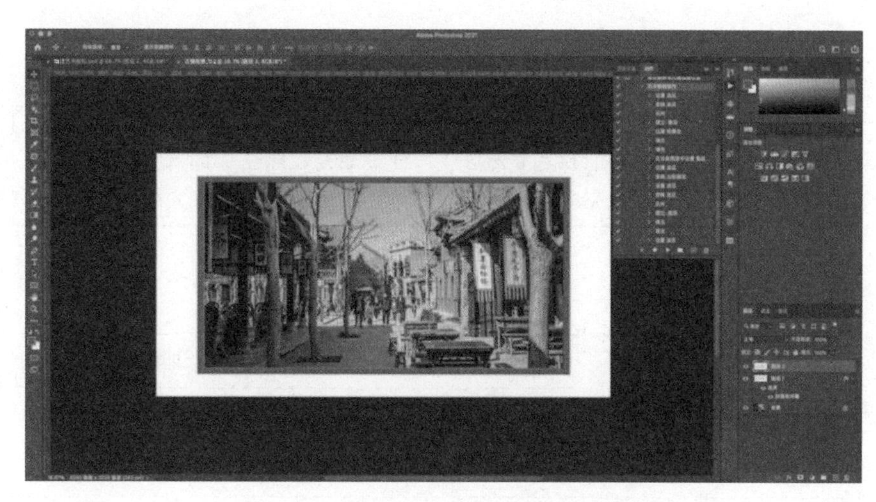

图 4-21　应用动作后的艺术相框效果

实训 - 评价单

实训编号		4- 任务 2			实训名称	动作的应用——制作艺术相框	
评价项目					自评	教师评价	
课堂表现		学习态度（20 分）					
		课堂参与（10 分）					
		团队合作（10 分）					
技能操作		动作的创建（30 分）					
		动作的使用（30 分）					
评价时间		年　　月　　日			教师签字		
评价等级划分							
项目		A	B	C	D	E	
课堂表现	学习态度	在积极主动、虚心求教、自主学习、细致严谨上表现优秀	在积极主动、虚心求教、自主学习、细致严谨上表现良好	在积极主动、虚心求教、自主学习、细致严谨上表现较好	在积极主动、虚心求教、自主学习、细致严谨上表现尚可	在积极主动、虚心求教、自主学习、细致严谨上表现不佳	
	课堂参与	积极参与课堂活动，参与内容完成得很好	积极参与课堂活动，参与内容完成得好	积极参与课堂活动，参与内容完成得较好	能参与课堂活动，参与内容完成得一般	能参与课堂活动，参与内容完成得欠佳	
	团队合作	具有很强的团队合作能力、能与老师和同学进行沟通交流	具有良好的团队合作能力、能与老师和同学进行沟通交流	具有较好的团队合作能力、尚能与老师和同学进行沟通交流	具有与团队进行合作的能力、与老师和同学进行沟通交流的能力一般	不具有与团队进行合作的能力、不能与老师和同学进行沟通交流	
技能操作	动作的创建	能独立并熟练地完成	能独立并较熟练地完成	能在他人提示下顺利完成	能在他人帮助下完成	未能完成	
	动作的使用	能独立并熟练地完成	能独立并较熟练地完成	能在他人提示下顺利完成	能在他人帮助下完成	未能完成	

实训 - 任务单

实训编号	4- 任务 3	实训名称	通道的应用——制作积雪
实训内容	通道的应用		
实训目的	了解通道的原理，灵活运用通道制作积雪		
设备环境	台式计算机或笔记本电脑，建议使用 Windows 10 以上操作系统		
知识点	1．通过通道建立选区 2．色阶的使用	技能	掌握使用通道制作积雪的方法

续表

实训编号	4- 任务 3	实训名称	通道的应用——制作积雪
所在班级		小组成员	
实训难度	中级	指导教师	
实施地点		实施日期	年　月　日
实施步骤	（1）打开素材文件“风景照片 .jpg” （2）切换通道 （3）使用“色阶”对话框调整图像颜色 （4）建立选区并填充颜色 （5）调整图像细节		
参考案例	制作茶叶广告		

（1）按快捷键 Ctrl+O 打开素材文件“风景照片 .jpg”，如图 4-22 所示。

图 4-22　打开素材文件“风景照片 .jpg”

（2）单击“通道”面板，在“通道”面板中分别选中红色通道、绿色通道、蓝色通道，仔细观察这 3 个通道的效果，如图 4-23 所示。选中白色细节较多的红色通道或绿色通道，在本任务中选中白色细节较多的红色通道。

（a）红色通道

（b）绿色通道

（c）蓝色通道

图 4-23　红色通道、绿色通道、蓝色通道的对比效果

（3）将红色通道拖动到⊞按钮上，复制红色副本通道。按快捷键 Ctrl+L 弹出“色阶”对话框，在“色阶”对话框中，调整色阶的状态，如图 4-24 所示，调整色阶后的效果如图 4-25 所示。

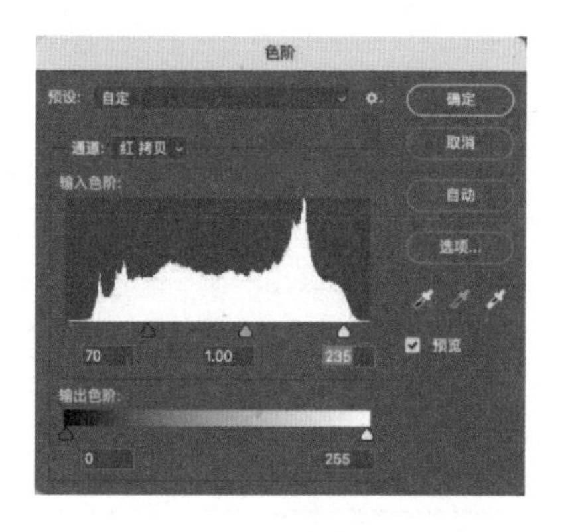

图 4-24　调整色阶状态

图 4-25　调整色阶后的效果

（4）按住 Ctrl 键，选中红色副本通道，将红色副本通道中的白色载入选区，选择 RGB 颜色通道。单击“图层”面板，返回图层编辑状态，单击⊞按钮新建图层，设置前景色为 # ffffff，按快捷键 Alt+Delete 给选区填充前景色，效果如图 4-26 所示。

图 4-26　给选区填充前景色后的效果

（5）从图 4-26 中可以看到，远处的天空添加了积雪，这些地方有积雪就会显得失真，需要进行处理。选择工具箱中的橡皮擦工具，擦除远处天空中多余的积雪，效果如图 4-27 所示。

图 4-27　擦除积雪后的效果

实训 - 评价单

<table>
<tr><td>实训编号</td><td colspan="3">4- 任务 3</td><td>实训名称</td><td colspan="2">通道的应用——制作积雪</td></tr>
<tr><td colspan="4">评价项目</td><td>自评</td><td colspan="2">教师评价</td></tr>
<tr><td rowspan="3" colspan="2">课堂表现</td><td colspan="2">学习态度（20 分）</td><td></td><td colspan="2"></td></tr>
<tr><td colspan="2">课堂参与（10 分）</td><td></td><td colspan="2"></td></tr>
<tr><td colspan="2">团队合作（10 分）</td><td></td><td colspan="2"></td></tr>
<tr><td rowspan="2" colspan="2">技能操作</td><td colspan="2">通过通道建立选区（30 分）</td><td></td><td colspan="2"></td></tr>
<tr><td colspan="2">色阶的使用（30 分）</td><td></td><td colspan="2"></td></tr>
<tr><td colspan="2">评价时间</td><td colspan="2">年　月　日</td><td>教师签字</td><td colspan="2"></td></tr>
<tr><td colspan="7">评价等级划分</td></tr>
<tr><td colspan="2">项目</td><td>A</td><td>B</td><td>C</td><td>D</td><td>E</td></tr>
<tr><td rowspan="3">课堂表现</td><td>学习态度</td><td>在积极主动、虚心求教、自主学习、细致严谨上表现优秀</td><td>在积极主动、虚心求教、自主学习、细致严谨上表现良好</td><td>在积极主动、虚心求教、自主学习、细致严谨上表现较好</td><td>在积极主动、虚心求教、自主学习、细致严谨上表现尚可</td><td>在积极主动、虚心求教、自主学习、细致严谨上表现不佳</td></tr>
<tr><td>课堂参与</td><td>积极参与课堂活动，参与内容完成得很好</td><td>积极参与课堂活动，参与内容完成得好</td><td>积极参与课堂活动，参与内容完成得较好</td><td>能参与课堂活动，参与内容完成得一般</td><td>能参与课堂活动，参与内容完成得欠佳</td></tr>
<tr><td>团队合作</td><td>具有很强的团队合作能力、能与老师和同学进行沟通交流</td><td>具有良好的团队合作能力、能与老师和同学进行沟通交流</td><td>具有较好的团队合作能力、尚能与老师和同学进行沟通交流</td><td>具有与团队进行合作的能力、与老师和同学进行沟通交流的能力一般</td><td>不具有与团队进行合作的能力、不能与老师和同学进行沟通交流</td></tr>
<tr><td rowspan="2">技能操作</td><td>通过通道建立选区</td><td>能独立并熟练地完成</td><td>能独立并较熟练地完成</td><td>能在他人提示下顺利完成</td><td>能在他人帮助下完成</td><td>未能完成</td></tr>
<tr><td>色阶的使用</td><td>能独立并熟练地完成</td><td>能独立并较熟练地完成</td><td>能在他人提示下顺利完成</td><td>能在他人帮助下完成</td><td>未能完成</td></tr>
</table>

实训 - 任务单

<table>
<tr><td>实训编号</td><td>4- 任务 4</td><td>实训名称</td><td>图层样式的应用——制作文字压花效果</td></tr>
<tr><td>实训内容</td><td colspan="3">图层样式的应用</td></tr>
<tr><td>实训目的</td><td colspan="3">熟练使用图层样式，掌握图层样式的使用技巧</td></tr>
<tr><td>设备环境</td><td colspan="3">台式计算机或笔记本电脑，建议使用 Windows 10 以上操作系统</td></tr>
<tr><td>知识点</td><td>1. 图层样式的添加
2. 图层样式的调整</td><td>技能</td><td>掌握通过图层样式制作文字压花效果的方法</td></tr>
</table>

续表

实训编号	4- 任务 4	实训名称	图层样式的应用——制作文字压花效果
所在班级		小组成员	
实训难度	中级	指导教师	
实施地点		实施日期	年　月　日
实施步骤	（1）打开素材文件“牛皮纸纹理 .jpg” （2）利用横排文字工具输入文字 （3）添加图层样式 （4）调整图层样式		
参考案例	制作茶叶广告		

（1）按 Ctrl+O 快捷键打开素材文件“牛皮纸纹理 .jpg”，如图 4-28 所示。

图 4-28　打开素材文件“牛皮纸纹理 .jpg”

（2）选择工具箱中的T工具，切换为横排文字工具，输入文字“爱我中华”，选择自己喜欢的字体，调整字号及字间距，效果如图 4-29 所示。

图 4-29　输入文字“爱我中华”并调整文字样式

（3）双击文字图层弹出“图层样式”对话框，勾选“斜面和浮雕”复选框，设置相应的参数，如图 4-30 所示。

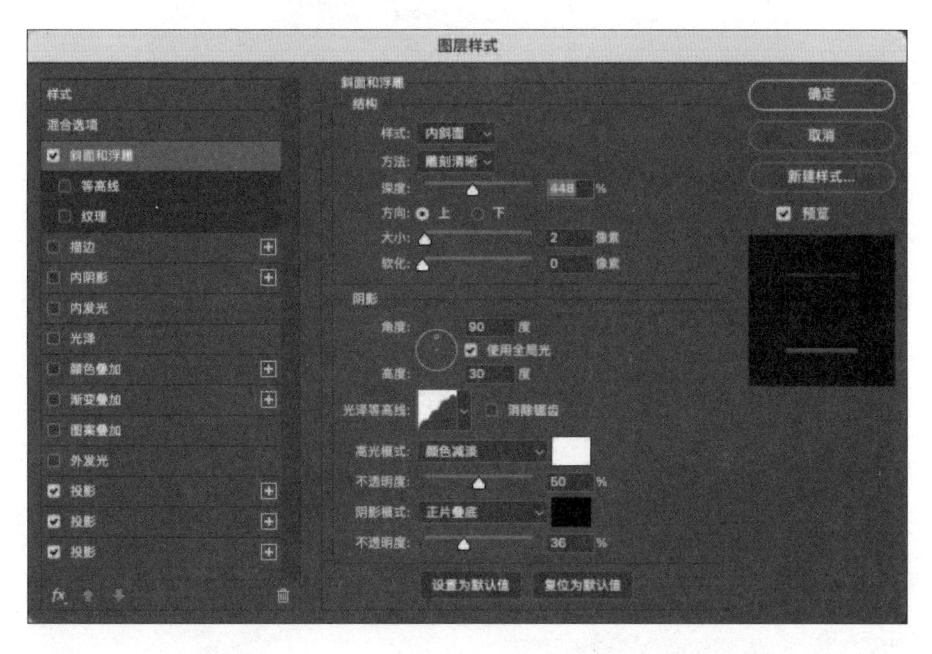

图 4-30　设置“斜面和浮雕”选项区中的参数

（4）勾选“等高线”复选框，双击“等高线”按钮，弹出“等高线编辑器”对话框，更改映射曲线，如图 4-31 所示。

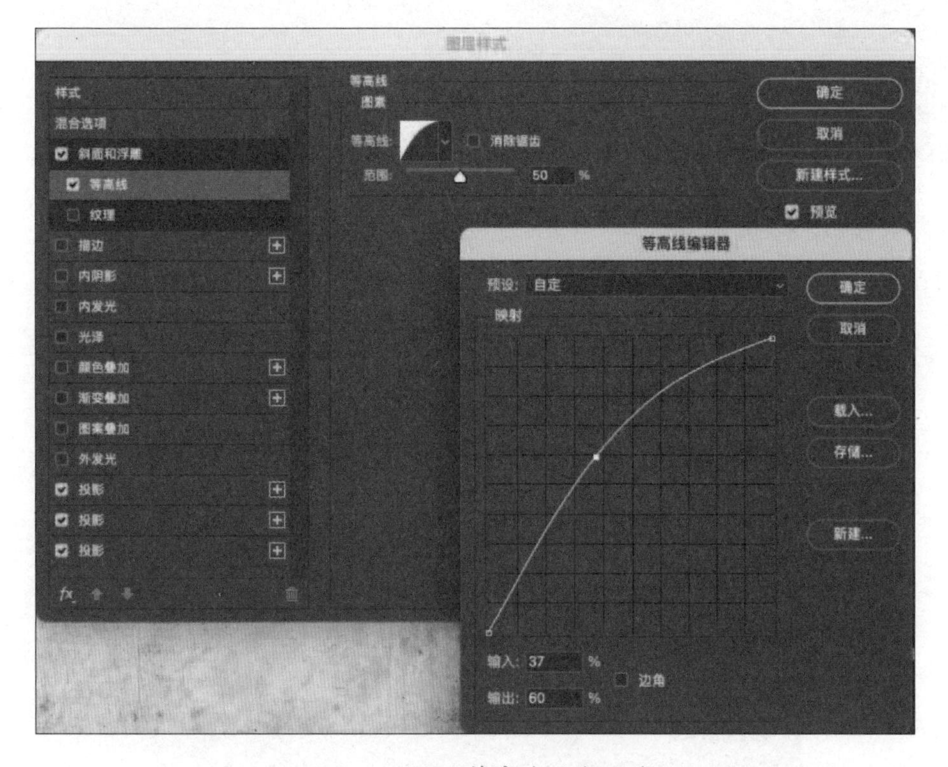

图 4-31　更改等高线映射曲线

（5）勾选“投影”复选框，设置相应的参数，如图 4-32 所示。

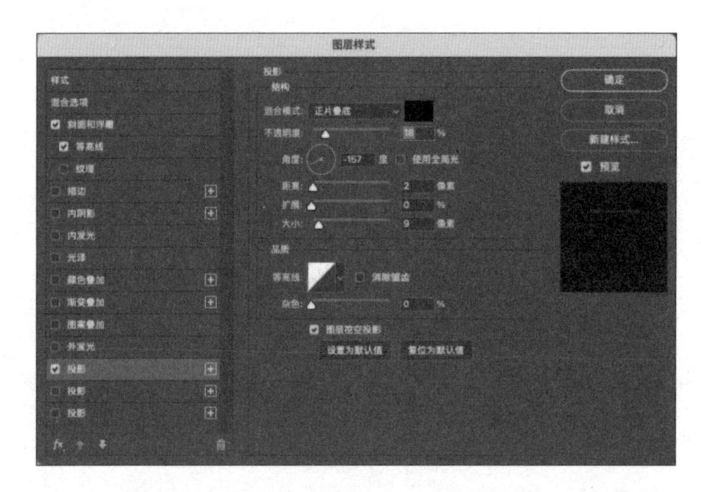

图 4-32　设置“投影”选项区中的参数

（6）勾选“内阴影”复选框，设置相应的参数，如图 4-33 所示。此时文字压花效果基本完成，如图 4-34 所示。但是字体看起来立体感还不够强，故继续增强效果。

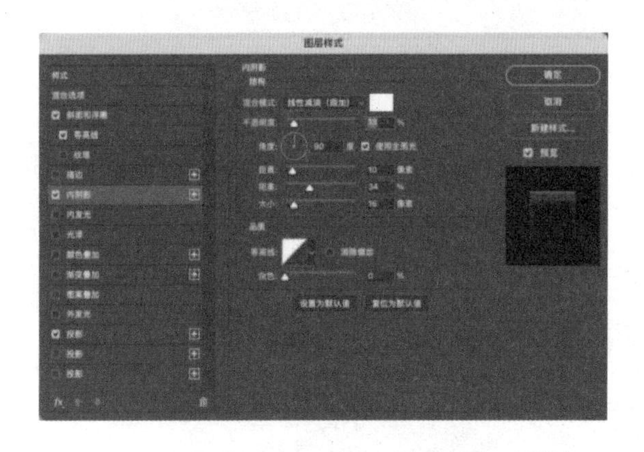

图 4-33　设置“内阴影”选项区中的参数

图 4-34　文字压花效果（1）

（7）单击“投影”复选框右侧的⊞按钮，复制投影效果，调整相应的参数，如图 4-35 所示，增强文字的投影效果，使文字更具有立体感。

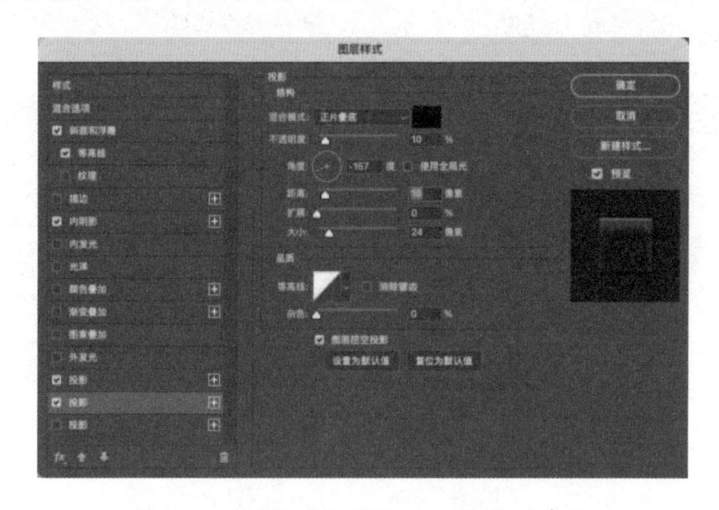

图 4-35　调整“投影”选项区中的参数

（8）继续单击“投影”复选框右侧的⊞按钮，复制投影效果，调整相应的参数，如图 4-36 所示，为文字下沿添加高光，丰富文字的视觉层次，效果如图 4-37 所示。

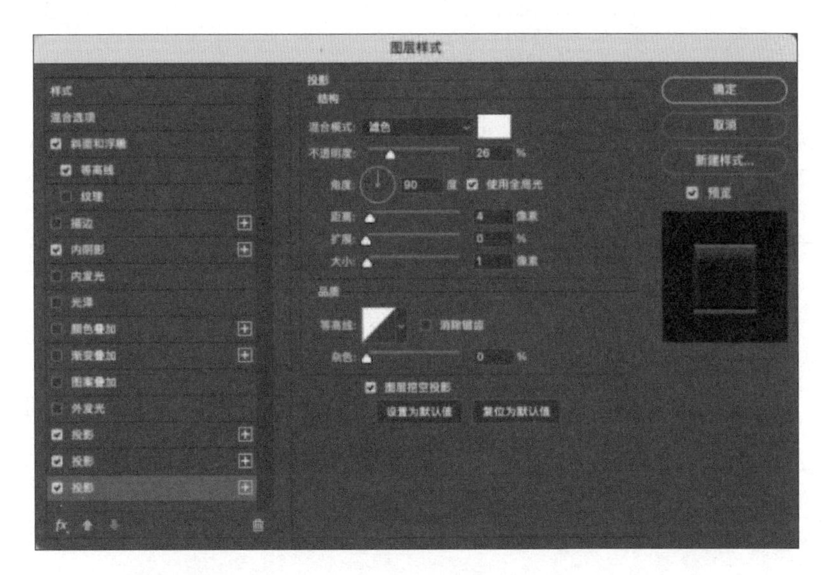

图 4-36　继续调整“投影”选项区中的参数

图 4-37　文字压花效果（2）

实训 - 评价单

实训编号	4- 任务 4	实训名称	图层样式的应用——制作文字压花效果
评价项目		自评	教师评价
课堂表现	学习态度（20 分）		
	课堂参与（10 分）		
	团队合作（10 分）		
技能操作	图层样式的添加（30 分）		
	图层样式的调整（30 分）		
评价时间	年　月　日	教师签字	

续表

评价等级划分						
项目		A	B	C	D	E
课堂表现	学习态度	在积极主动、虚心求教、自主学习、细致严谨上表现优秀	在积极主动、虚心求教、自主学习、细致严谨上表现良好	在积极主动、虚心求教、自主学习、细致严谨上表现较好	在积极主动、虚心求教、自主学习、细致严谨上表现尚可	在积极主动、虚心求教、自主学习、细致严谨上表现不佳
	课堂参与	积极参与课堂活动，参与内容完成得很好	积极参与课堂活动，参与内容完成得好	积极参与课堂活动，参与内容完成得较好	能参与课堂活动，参与内容完成得一般	能参与课堂活动，参与内容完成得欠佳
	团队合作	具有很强的团队合作能力、能与老师和同学进行沟通交流	具有良好的团队合作能力、能与老师和同学进行沟通交流	具有较好的团队合作能力、尚能与老师和同学进行沟通交流	具有与团队进行合作的能力、与老师和同学进行沟通交流的能力一般	不具有与团队进行合作的能力、不能与老师和同学进行沟通交流
技能操作	图层样式的添加	能独立并熟练地完成	能独立并较熟练地完成	能在他人提示下顺利完成	能在他人帮助下完成	未能完成
	图层样式的调整	能独立并熟练地完成	能独立并较熟练地完成	能在他人提示下顺利完成	能在他人帮助下完成	未能完成

技术点评

本项目中所完成的 4 个任务是浮动控制面板综合使用的典型案例。蒙版具有强大的图像处理及合成功能，运用它可以产生许多特殊的图像效果；动作是重复使用同一类型操作的结果，录制使用动作可以节约操作时间，提高工作效率，它类似于 CorelDRAW 中的脚本。希望用户能熟悉并掌握它们的使用方法。

技能检测

（1）在一个空白图像文件中放置两张不同的图像，在“图层”面板中选择最上层图层，单击“图层”面板中的按钮添加图层蒙版，选择工具箱中的工具，分别用白色和黑色在蒙版图层上进行涂抹，试比较它们产生的效果有什么不同。

（2）扫描几张带网纹的图像，利用“动作”面板录制对其中一张图像除去网格的过程，试对其他几张图像应用所录制的动作，看一看能否除去其他几张图像中的网纹。如果不能除去，则分析问题出在哪一个操作步骤上，并修改操作步骤。

项目 5
平面与美学艺术

实训 - 任务单

实训编号	5- 任务 1	实训名称	虚面的运用——设计标签
实训内容	运用虚面设计标签		
实训目的	用户通过虚面的运用，能够了解在平面设计中美学构成的重要性，为今后设计出形象生动、富有韵律的平面作品打好基础		
设备环境	台式计算机或笔记本电脑，建议使用 Windows 10 以上操作系统		
知识点	1．渐变工具 2．钢笔工具 3．曲线调整 4．滤镜命令 5．横排文字工具	技能	掌握综合使用渐变工具、钢笔工具、选区工具、滤镜命令、横排文字工具及“曲线”命令设计标签的方法
所在班级		小组成员	
实训难度	中级	指导教师	
实施地点		实施日期	年　月　日
实施步骤	（1）新建一个图像文件并为其填充渐变背景色 （2）使用钢笔工具绘制虚面 （3）使用“曲线”命令提亮画面 （4）使用彩色半调滤镜增加特殊效果 （5）输入标签文本		
参考案例	无		

（1）打开 Photoshop 窗口，按快捷键 Ctrl+N 新建一个图像文件。在“新建文档”对话框中设置该图像文件的参数，如图 5-1 所示，单击“创建”按钮。

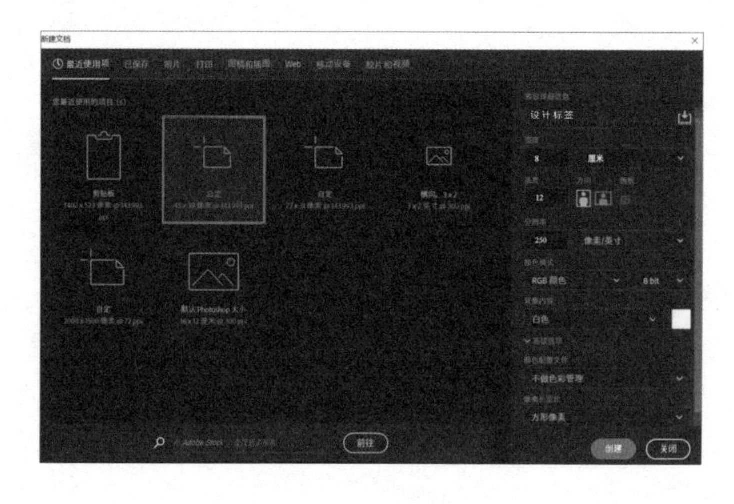

图 5-1　设置“新建文档”对话框中的参数

（2）设置前景色为 #75022a，背景色为 #fcf0b0，选择工具箱中的渐变工具，在渐变工具属性栏中单击“线性渐变”按钮，在画布上由上到下拖动鼠标指针，给图像填充线性渐变颜色，效果如图 5-2 所示。

（3）选择工具箱中的钢笔工具，在画布上绘制如图 5-3 所示的路径作为虚面的造型。

图 5-2　填充线性渐变颜色后的效果　　　　图 5-3　利用钢笔工具绘制虚面造型

（4）单击“图层”面板中的“创建新图层”按钮新建一个图层，并命名为“虚面”。按快捷键 Ctrl+Enter 将路径转换为选区。设置前景色为 #4b0419，按快捷键 Alt+Delete 给选区填充前景色，按快捷键 Ctrl+D 取消选区，效果如图 5-4 所示。

（5）单击“图层”面板中的“创建新图层”按钮新建一个图层，选择工具箱中的钢笔工具，在画布上绘制如图 5-5 所示的闭合路径。

图 5-4　给选区填充前景色后的效果

图 5-5　利用钢笔工具绘制闭合路径（1）

（6）按快捷键 Ctrl+Enter 将路径转换为选区。设置前景色为 #75022a，背景色为 #fcf0B0，选择工具箱中的渐变工具，在渐变工具属性栏中单击“线性渐变”按钮，在画布上由上到下拖动鼠标指针，给选区填充线性渐变颜色，效果如图 5-6 所示，按快捷键 Ctrl+D 取消选区。

图 5-6　给选区填充线性渐变颜色后的效果

（7）选择工具箱中的多边形套索工具，在画布上绘制如图 5-7 所示的选区，按快捷键 Ctrl+M 弹出“曲线”对话框，调整曲线状态，如图 5-8 所示。

图 5-7　利用多边形套索工具绘制选区

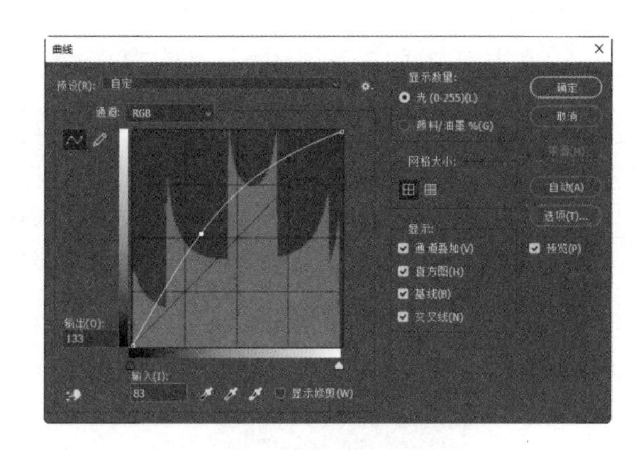

图 5-8　调整曲线状态（1）

（8）单击“确定”按钮，效果如图 5-9 所示，按快捷键 Ctrl+D 取消选区。

图 5-9　调整曲线后的效果（1）

（9）选择工具箱中的钢笔工具，在画布上绘制如图 5-10 所示的闭合路径。按快捷键 Ctrl+Enter 将路径转换为选区，按快捷键 Ctrl+M 弹出“曲线”对话框，调整曲线状态，如图 5-11 所示。

图 5-10　利用钢笔工具绘制闭合路径（2）

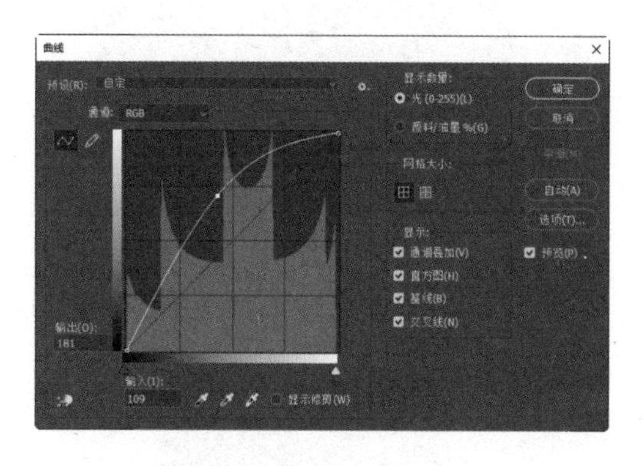

图 5-11　调整曲线状态（2）

（10）单击“确定”按钮，效果如图 5-12 所示，按快捷键 Ctrl+D 取消选区。

（11）继续运用虚面效果。单击“通道”面板中的“创建新通道”按钮新建一个通道，选择工具箱中的渐变工具，在渐变工具属性栏中单击“线性渐变”按钮，给新建通道填充线性渐变颜色，效果如图 5-13 所示。

图 5-12　调整曲线后的效果（2）

图 5-13　给新建通道填充线性渐变颜色后的效果

（12）选择“滤镜”→“像素化”→“彩色半调”命令，在弹出的“彩色半调”对话框中设置相应的参数，如图 5-14 所示，单击“确定”按钮，效果如图 5-15 所示。

（13）按住 Ctrl 键，单击进行“彩色半调”滤镜后的通道，载入通道选区状态，如图 5-16 所示，返回“图层”面板。单击“图层”面板中的“创建新图层”按钮新建一个图层，设置前景色为 #4b0419，按快捷键 Alt+Delete 给选区填充前景色，按快捷键 Ctrl+D 取消选区，效果如图 5-17 所示。

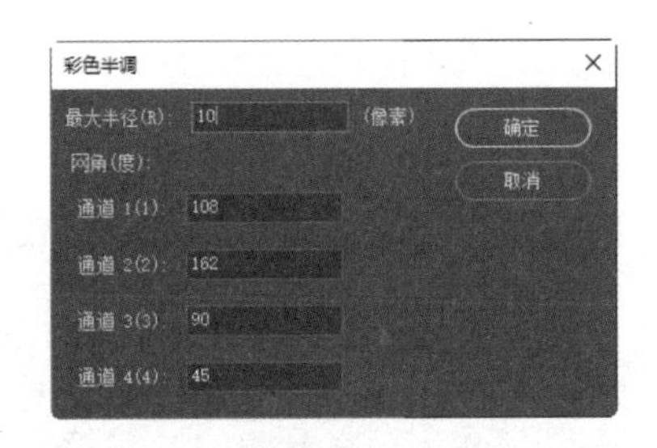

图 5-14　设置“彩色半调”对话框中的参数

图 5-15　进行“彩色半调”滤镜后的效果

图 5-16　载入通道选区状态

图 5-17　在新建图层上给选区填充前景色后的效果

（14）设置前景色为 #f5e70e，选择工具箱中的横排文字工具，在画布上输入文字“美汁源 100% 石榴汁”，效果如图 5-18 所示。

（15）设置前景色为 #b99754，使用横排文字工具输入文字“相约 2022 北京冬奥会”。设置前景色为白色，输入文字“MEI ZHI YUAN SHI LIU ZHI”，效果如图 5-19 所示。

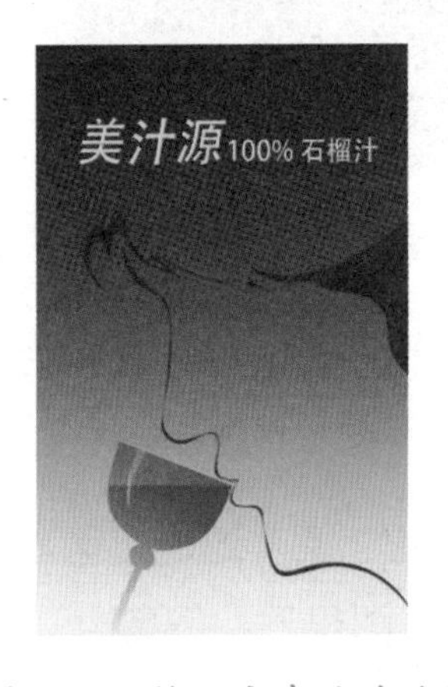

图 5-18　输入文字后的效果

图 5-19　输入多组文字后的效果

（16）选择工具箱中的椭圆工具，在画布上绘制如图 5-20 所示的路径，使用横排文字工具，沿路径输入文字“贮藏条件：避免阳光直射”，效果如图 5-21 所示。

图 5-20　绘制椭圆形路径

图 5-21　在椭圆形路径上输入文字后的效果

（17）再次使用横排文字工具，在椭圆形路径中间输入文字“原料：河阴石榴，每 100 克果肉含维生素 C11mg、维生素 K2.3mg、维生素 B30.1mg、钾 330mg”后，对文字进行适当的旋转变换，效果如图 5-22 所示。

（18）在所有文字图层的下面新建一个图层，选择工具箱中的矩形选框工具，在画布左上角绘制如图 5-23 所示的选区。设置前景色为 #812335，按快捷键 Alt+Delete 给选区填充前景色。选择“编辑”→“描边”命令，在弹出的“描边”对话框中设置描边宽度为 3 像素，颜色为白色，如图 5-24 所示，单击“确定”按钮，按快捷键 Ctrl+D 取消选区，效果如图 5-25 所示。

图 5-22　在椭圆形路径中间输入文字后的效果

图 5-23　绘制选区

（19）按快捷键 Ctrl+J 复制填充前景色和描边后的矩形，将其移动到画布右下角。选择横排文字工具，并输入文字“厂址：开封市美汁源食品有限公司”，设计标签的最终效果如图 5-26 所示。

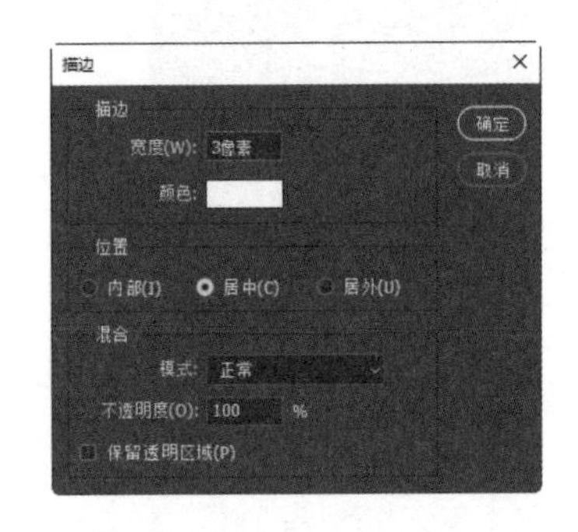

图 5-24 设置描边宽度为 3 像素

图 5-25 描边和填充前景色后的效果

图 5-26 设计标签的最终效果

虚面可以是点或线的组合。在上面任务中，虚面既展示了主题又丰富了画面，可见掌握好虚面的运用是非常必要的。

实训 - 评价单

实训编号	5- 任务 1	实训名称	虚面的运用——设计标签
评价项目		自评	教师评价
课堂表现	学习态度（20 分）		
	课堂参与（10 分）		
	团队合作（10 分）		
技能操作	使用钢笔工具及渐变工具制作虚面（30 分）		
	使用“曲线”命令及滤镜命令加工虚面（20 分）		
	输入标签文本（10 分）		
评价时间	年　月　日	教师签字	

续表

评价等级划分						
项目		A	B	C	D	E
课堂表现	学习态度	在积极主动、虚心求教、自主学习、细致严谨上表现优秀	在积极主动、虚心求教、自主学习、细致严谨上表现良好	在积极主动、虚心求教、自主学习、细致严谨上表现较好	在积极主动、虚心求教、自主学习、细致严谨上表现尚可	在积极主动、虚心求教、自主学习、细致严谨上表现不佳
	课堂参与	积极参与课堂活动，参与内容完成得很好	积极参与课堂活动，参与内容完成得好	积极参与课堂活动，参与内容完成得较好	能参与课堂活动，参与内容完成得一般	能参与课堂活动，参与内容完成得欠佳
	团队合作	具有很强的团队合作能力、能与老师和同学进行沟通交流	具有良好的团队合作能力、能与老师和同学进行沟通交流	具有较好的团队合作能力、尚能与老师和同学进行沟通交流	具有与团队进行合作的能力、与老师和同学进行沟通交流的能力一般	不具有与团队进行合作的能力、不能与老师和同学进行沟通交流
技能操作	使用钢笔工具及渐变工具制作虚面	能独立并熟练地完成	能独立并较熟练地完成	能在他人提示下顺利完成	能在他人帮助下完成	未能完成
	使用“曲线”命令及滤镜命令加工虚面	能独立并熟练地完成	能独立并较熟练地完成	能在他人提示下顺利完成	能在他人帮助下完成	未能完成
	输入标签文本	能独立并熟练地完成	能独立并较熟练地完成	能在他人提示下顺利完成	能在他人帮助下完成	未能完成

实训 - 任务单

实训编号	5- 任务 2	实训名称	面的虚实对比——设计艺术海报
实训内容	运用面的虚实对比设计艺术海报		
实训目的	用户通过运用面的虚实对比，能够了解在平面设计中美学构成的重要性，为今后设计出形象生动、富有韵律的平面作品打好基础		
设备环境	台式计算机或笔记本电脑，建议使用 Windows 10 以上操作系统		
知识点	1. 钢笔工具 2. 路径与选区的转换 3. 图层及不透明度 4. 文字工具	技能	掌握综合使用钢笔工具、选区、图层、不透明度及文字工具设计艺术海报的方法
所在班级		小组成员	

续表

实训编号	5- 任务 2	实训名称	面的虚实对比——设计艺术海报
实训难度	高级	指导教师	
实施地点		实施日期	年　月　日
实施步骤	（1）新建一个图像文件 （2）使用钢笔工具及选区制作海报实面 （3）使用图层及不透明度制作海报虚面 （4）输入海报中的文字		
参考案例	无		

（1）打开 Photoshop 窗口，按快捷键 Ctrl+N 新建一个尺寸为“15 厘米×7.5 厘米”、名称为“设计艺术海报”的图像文件，其他参数设置如图 5-27 所示，单击“创建”按钮，完成图像文件的创建。

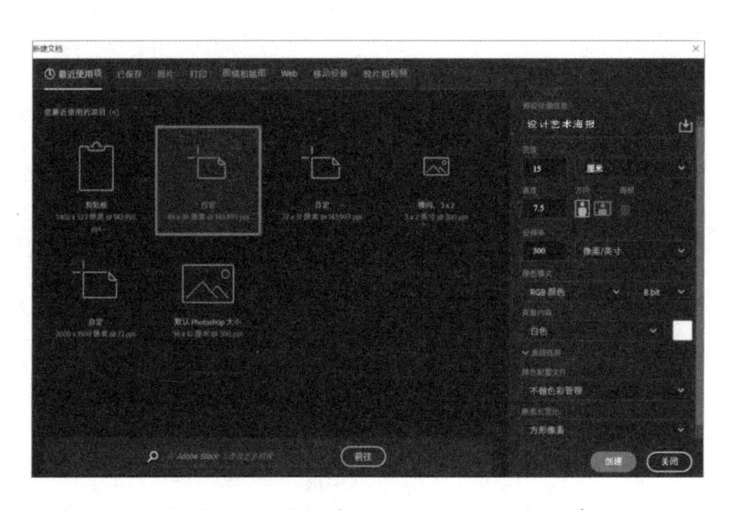

图 5-27　设置“新建文档”对话框中的参数

（2）设置前景色为 #000000，按快捷键 Alt+Delete 给画布填充前景色。选择工具箱中的钢笔工具，在画布上绘制如图 5-28 所示的手形路径。

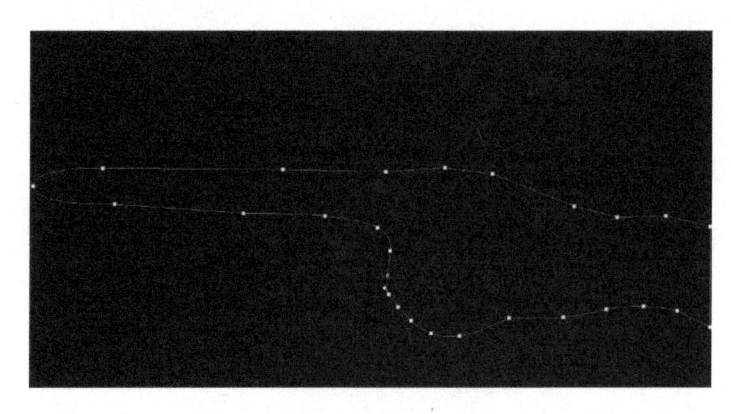

图 5-28　绘制手形路径

（3）按快捷键 Ctrl+Enter 将所绘制的手形路径转换为选区，设置前景色为白色，按快捷键 Alt+Delete 给选区填充前景色，如图 5-29 所示。

图 5-29　给选区填充前景色后的效果（1）

（4）新建图层 1，按快捷键 Ctrl+J 将手形选区复制到图层 1 上，选择背景图层，使用快速选择工具，在画布下方创建如图 5-30 所示的选区。

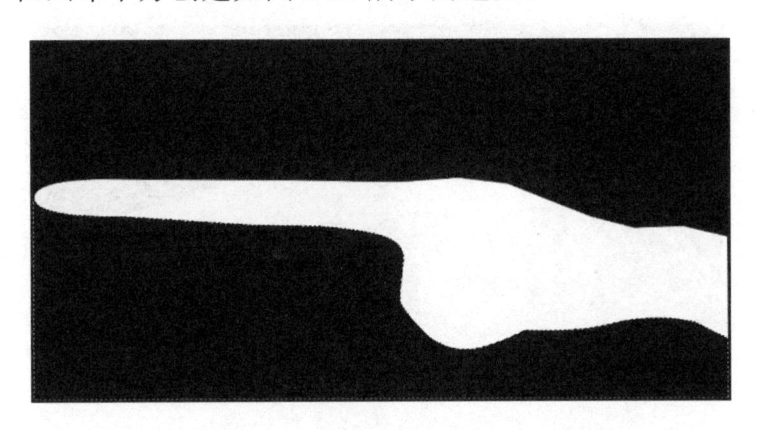

图 5-30　使用快速选择工具在画布下方创建选区

（5）单击“图层”面板中的“创建新图层”按钮新建一个图层 2，设置前景色为 #ef501f，按快捷键 Alt+Delete 给选区填充前景色，效果如图 5-31 所示。

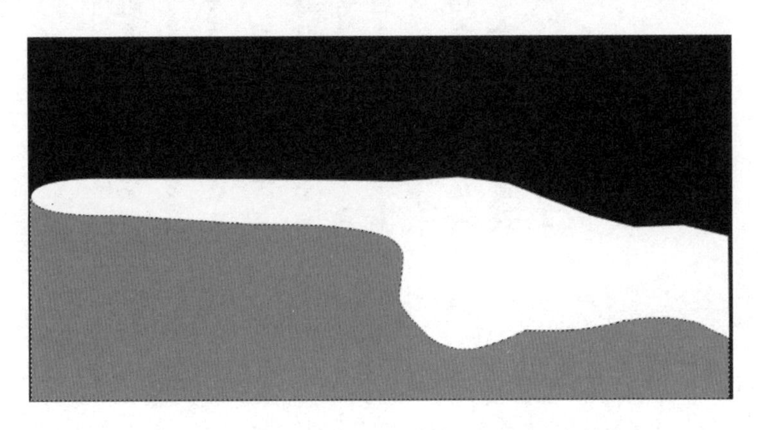

图 5-31　给选区填充前景色后的效果（2）

（6）按快捷键 Ctrl+D 取消选区，使用同样的方法，选择背景图层，使用快速选择工具，在画布上方创建如图 5-32 所示的选区。

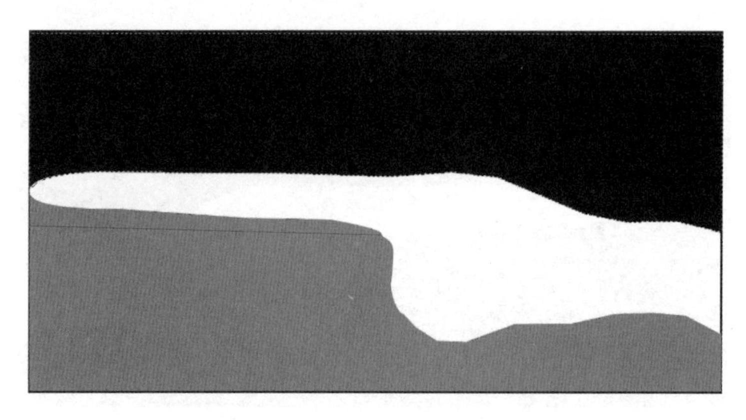

图 5-32　使用快速选择工具在画布上方创建选区

（7）单击“图层”面板中的“创建新图层”按钮新建一个图层 3，按快捷键 Ctrl+Delete 给选区填充背景色为黑色，按快捷键 Ctrl+D 取消选区，效果如图 5-33 所示。

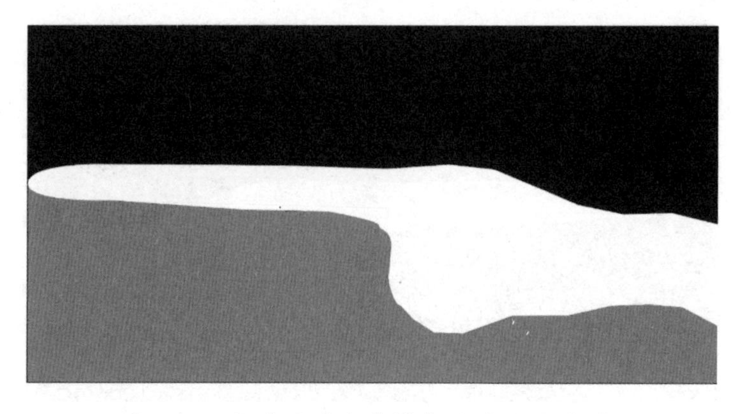

图 5-33　给选区填充背景色后的效果（3）

（8）打开素材文件“书法 .png”，如图 5-34 所示，并将其拖动到海报文件中，创建图层 4。

图 5-34　打开素材文件“书法 .png”

（9）调整书法图片的大小以适合画布的大小，按快捷键 Ctrl+J 复制图层 4，创建副本图层 4，选中图层 2，按住 Ctrl 键并单击图层缩略图，载入选区，效果如图 5-35 所示。

图 5-35　载入选区后的书法图

（10）选中副本图层 4，按 Delete 键删除选区内容，得到上半部分书法，隐藏图层 4，效果如图 5-36 所示。

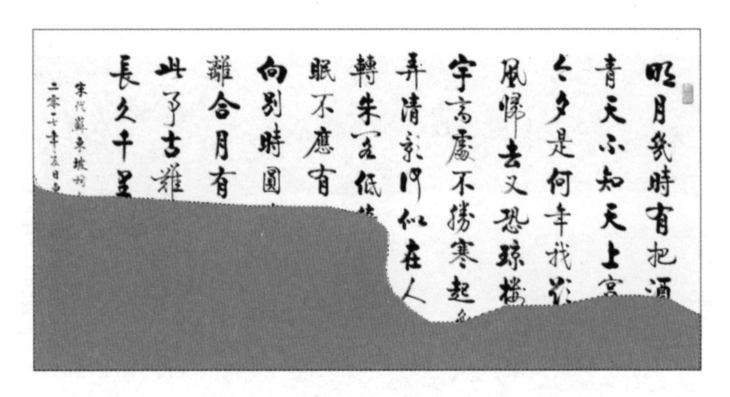

图 5-36　删除选区内容后的书法图

（11）按快捷键 Ctrl+D 取消选区，先将图层 1 移动到顶部，再将图层 4 与图层 2 选中，按快捷键 Ctrl+G 进行编组，创建组 1。调整书法图层的不透明度为 30%，效果如图 5-37 所示。

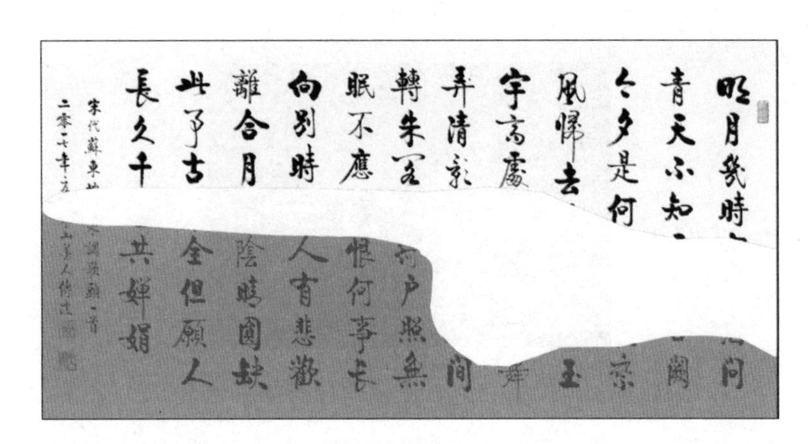

图 5-37　对书法图层编组并调整图层不透明度后的效果

（12）选中副本图层 4，按快捷键 Ctrl+I 反相书法图片为黑底白字，效果如图 5-38 所示。

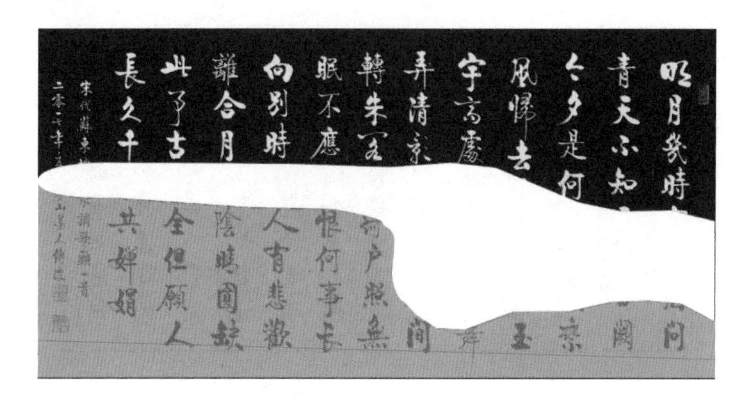

图 5-38　反相书法图片后的效果

（13）将图层 3 移动到副本图层 4 下方，同时选中这两个图层，按快捷键 Ctrl+G 进行编组，创建组 2。调整书法图层的不透明度为 30%，效果如图 5-39 所示。

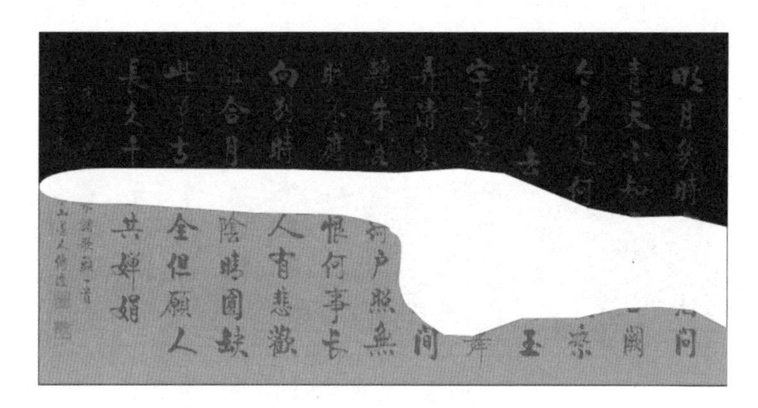

图 5-39　对残缺书法图层编组并调整图层不透明度后的效果

（14）选择工具箱中的横排文字工具 T，输入黑色文字“艺术学院硬笔书法展”，并在“变形文字”对话框中设置文字的波浪变形效果，如图 5-40 所示。

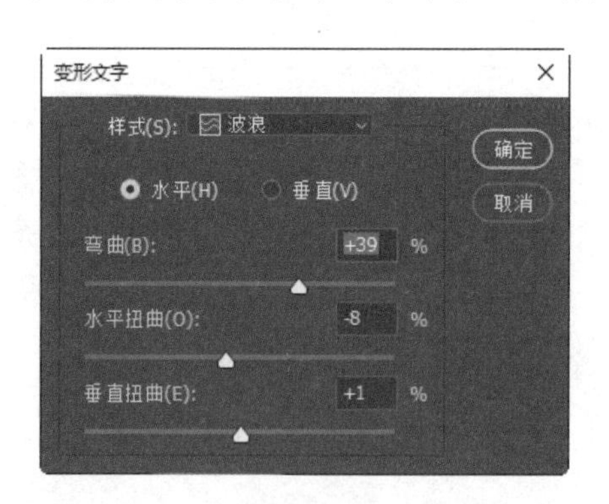

图 5-40　设置“变形文字”对话框中的参数

（15）选择工具箱中的直排文字工具 IT，输入白色文字“我校艺术学院创建于 2020 年 9 月，书法艺术是双一流专业，本展为第一届毕业生的毕业作品展”，效果如图 5-41 所示。

图 5-41　输入白色文字后的效果

（16）选择工具箱中的横排文字工具，并输入红色文字“YI SHU XUE YUAN YING BI SHU FA ZHAN”；选择工具箱中的直排文字工具，输入白色文字“吾落墨处黑 我着眼处白”，效果如图 5-42 所示。

图 5-42　两次输入文字后的效果

（17）选择工具箱中的钢笔工具，在画布上绘制如图 5-43 所示的路径。

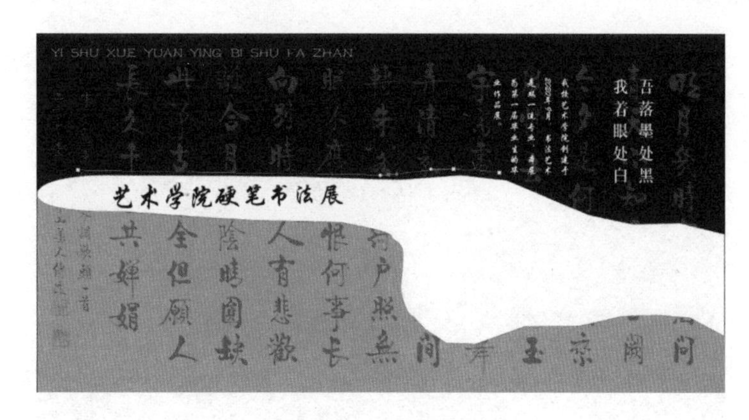

图 5-43　绘制路径

（18）选择工具箱中的横排文字工具，沿路径输入白色文字“展出地点：学校图书馆三楼艺术展厅 展出时间：2024 年 1 月至 2024 年 2 月 9:00—17:00”，效果如图 5-44 所示。

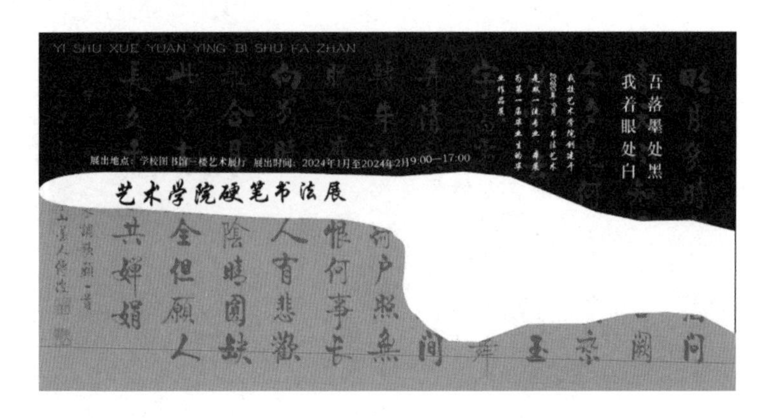

图 5-44　输入展出地点及时间文字后的效果

（19）打开素材文件“书 .png”如图 5-45 所示，并将其拖动到书法图片，创建图层 5，效果如图 5-46 所示。

图 5-45　打开素材文件“书 .png”

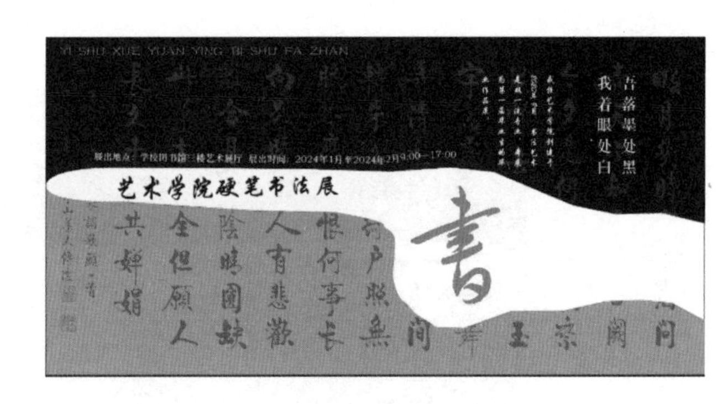

图 5-46　导入素材文件“书 .png”

（20）单击“图层”面板中的“添加图层样式”下拉按钮，在弹出的“图层样式”下拉列表中选择“斜面和浮雕”选项，弹出“图层样式”对话框，在“斜面和浮雕”选项区中设置相应的参数，如图 5-47 所示。

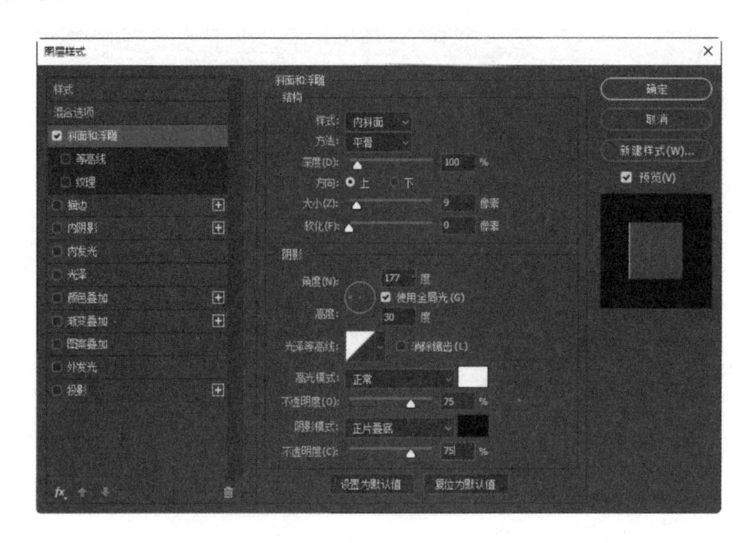

图 5-47　设置“斜面和浮雕”样式的参数

（21）单击“确定”按钮，并调整该图层的不透明度为 50%，艺术海报效果如图 5-48 所示。

图 5-48　艺术海报效果

实训 - 评价单

<table>
<tr><td>实训编号</td><td colspan="3">5- 任务 2</td><td>实训名称</td><td colspan="2">面的虚实对比——设计艺术海报</td></tr>
<tr><td colspan="4">评价项目</td><td>自评</td><td colspan="2">教师评价</td></tr>
<tr><td rowspan="3">课堂表现</td><td colspan="3">学习态度（20 分）</td><td></td><td colspan="2"></td></tr>
<tr><td colspan="3">课堂参与（10 分）</td><td></td><td colspan="2"></td></tr>
<tr><td colspan="3">团队合作（10 分）</td><td></td><td colspan="2"></td></tr>
<tr><td rowspan="3">技能操作</td><td colspan="3">使用钢笔工具及选区制作海报实面（30 分）</td><td></td><td colspan="2"></td></tr>
<tr><td colspan="3">使用图层及不透明度制作海报虚面（20 分）</td><td></td><td colspan="2"></td></tr>
<tr><td colspan="3">输入海报中的文字（10 分）</td><td></td><td colspan="2"></td></tr>
<tr><td>评价时间</td><td colspan="3">年　月　日</td><td>教师签字</td><td colspan="2"></td></tr>
<tr><td colspan="7">评价等级划分</td></tr>
<tr><td>项目</td><td>A</td><td>B</td><td>C</td><td colspan="2">D</td><td>E</td></tr>
<tr><td>课堂表现　学习态度</td><td>在积极主动、虚心求教、自主学习、细致严谨上表现优秀</td><td>在积极主动、虚心求教、自主学习、细致严谨上表现良好</td><td>在积极主动、虚心求教、自主学习、细致严谨上表现较好</td><td colspan="2">在积极主动、虚心求教、自主学习、细致严谨上表现尚可</td><td>在积极主动、虚心求教、自主学习、细致严谨上表现不佳</td></tr>
<tr><td>课堂表现　课堂参与</td><td>积极参与课堂活动，参与内容完成得很好</td><td>积极参与课堂活动，参与内容完成得好</td><td>积极参与课堂活动，参与内容完成得较好</td><td colspan="2">能参与课堂活动，参与内容完成得一般</td><td>能参与课堂活动，参与内容完成得欠佳</td></tr>
<tr><td>课堂表现　团队合作</td><td>具有很强的团队合作能力、能与老师和同学进行沟通交流</td><td>具有良好的团队合作能力、能与老师和同学进行沟通交流</td><td>具有较好的团队合作能力、尚能与老师和同学进行沟通交流</td><td colspan="2">具有与团队进行合作的能力、与老师和同学进行沟通交流的能力一般</td><td>不具有与团队进行合作的能力、不能与老师和同学进行沟通交流</td></tr>
</table>

续表

项目		A	B	C	D	E
技能操作	使用钢笔工具及选区制作海报实面	能独立并熟练地完成	能独立并较熟练地完成	能在他人提示下顺利完成	能在他人帮助下完成	未能完成
	使用图层及不透明度制作海报虚面	能独立并熟练地完成	能独立并较熟练地完成	能在他人提示下顺利完成	能在他人帮助下完成	未能完成
	输入海报中的文字	能独立并熟练地完成	能独立并较熟练地完成	能在他人提示下顺利完成	能在他人帮助下完成	未能完成

实训 - 任务单

实训编号	5- 任务 3	实训名称	画面分割的运用——设计手机杂志广告
实训内容	运用画面的分割设计手机杂志广告		
实训目的	用户通过运用画面的分割，能够了解在平面设计中美学构成的重要性，为今后设计出形象生动、富有韵律的平面作品打好基础		
设备环境	台式计算机或笔记本电脑，建议使用 Windows 10 以上操作系统		
知识点	1. 变换命令 2. 图像合成 3. 图层样式 4. 文字工具	技能	掌握利用“变换”命令分割画面、利用素材进行图像合成、利用图层样式美化合成图像、利用文字工具设计手机杂志广告的方法
所在班级		小组成员	
实训难度	高级	指导教师	
实施地点		实施日期	年 月 日
实施步骤	（1）新建一个图像文件并导入素材文件 （2）利用“变换”命令分割画面 （3）使用图层样式为合成的图像添加效果 （4）输入手机杂志广告文本		
参考案例	无		

（1）打开 Photoshop 窗口，按快捷键 Ctrl+N 新建一个尺寸为“18.4 厘米×26 厘米”、名称为“设计手机杂志广告”的图像文件，其他参数设置如图 5-49 所示，单击“创建”按钮，完成图像文件的创建。

（2）打开素材文件“星空 .jpg”，如图 5-50 所示，将该图片拖动到画布中作为背景图片。选择“编辑”→“变换”→“斜切”命令，调整该图片的外形及位置，如图 5-51 所示。

图 5-49　设置“新建文档”对话框中的参数

图 5-50　打开素材文件“星空 .jpg”

图 5-51　调整背景图片的外形及位置

（3）按 Enter 键确认变换。打开素材文件“少女 .jpg”，选择工具箱中的魔棒工具，在白色画布上单击，制作人物选区，如图 5-52 所示。

图 5-52　绘制人物选区

（4）使用移动工具将选区内的人物拖动到“设计手机杂志广告”文件中，调整该人物在文件中的大小、方向及位置，如图 5-53 所示，按 Enter 键确认调整，效果如图 5-54 所示。

图 5-53　调整人物大小、方向及位置

图 5-54　调整人物大小、方向及位置后的效果

（5）打开素材文件“手机正反 .png”，如图 5-55 所示。将该图片拖动到“设计手机杂志广告”文件中，并将该图层命名为“手机”，调整该图片的大小及位置，效果如图 5-56 所示。

图 5-55　打开素材文件“手机正反 .png”

图 5-56　调整手机正反图片大小及位置后的效果

（6）打开素材文件“手机 .png”，如图 5-57 所示。将该图片拖动到“设计手机杂志广告”文件中，并调整该图片的大小及位置，效果如图 5-58 所示。

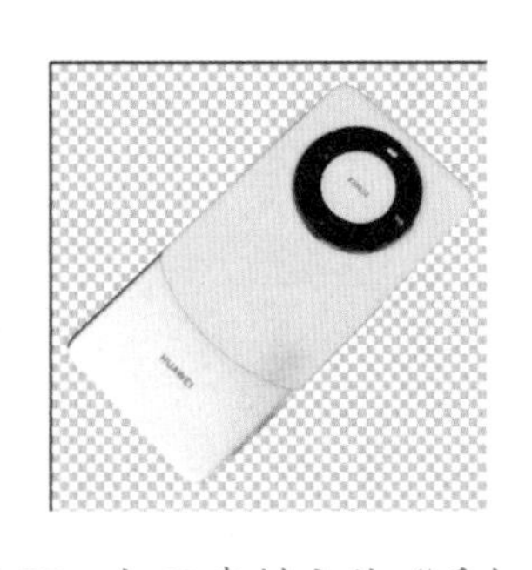

图 5-57　打开素材文件“手机 .png”

图 5-58　调整手机图片大小及位置后的效果

（7）选择手机图层，先为该图层添加“投影”样式，其参数设置如图 5-59 所示；再为

该图层添加“外发光”样式，其参数设置如图 5-60 所示。

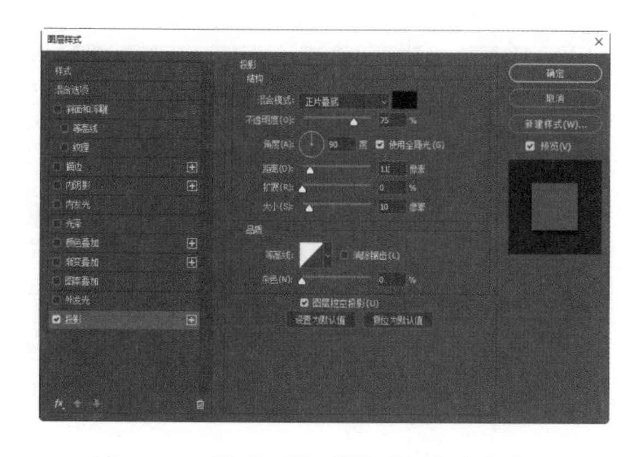

图 5-59　设置“投影”样式的参数

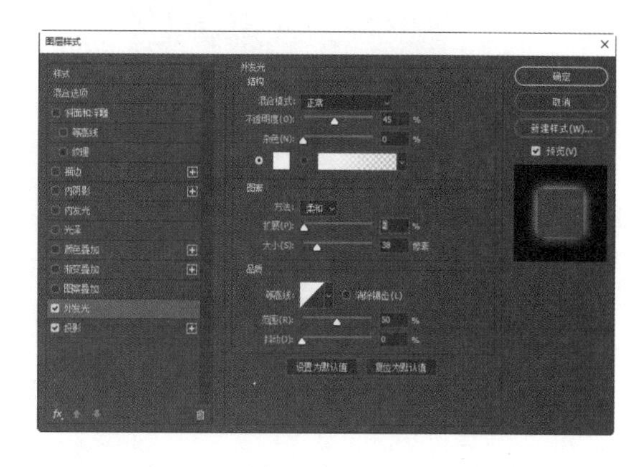

图 5-60　设置“外发光”样式的参数（1）

（8）单击“确定”按钮，效果如图 5-61 所示。

（9）选择工具箱中的横排文字工具T，在画布下方单击并输入黑色文字“配置：尺寸为 6.69 英寸，屏幕采用圆角设计，有 10.7 亿色，P3 广色域，支持 1～120Hz LTPO 自适应刷新率，1440Hz 高频 PWM 调光，300Hz 触控采样率，分辨率为 FHD+2688 像素×1216 像素。”，效果如图 5-62 所示。

图 5-61　添加“投影”样式与“外发光”样式后的效果

图 5-62　输入手机配置文字后的效果

（10）输入黄色文字“华为 Mate60”，以及白色文字“自主研发”、“民族品牌”与“科技创新”，并调整它们的位置，效果如图 5-63 所示。

（11）选择黄色文字图层，给文字添加一个“外发光”样式与“描边”样式，其中，将描边的颜色设置为 #06125b，“外发光”样式的参数设置如图 5-64 所示。

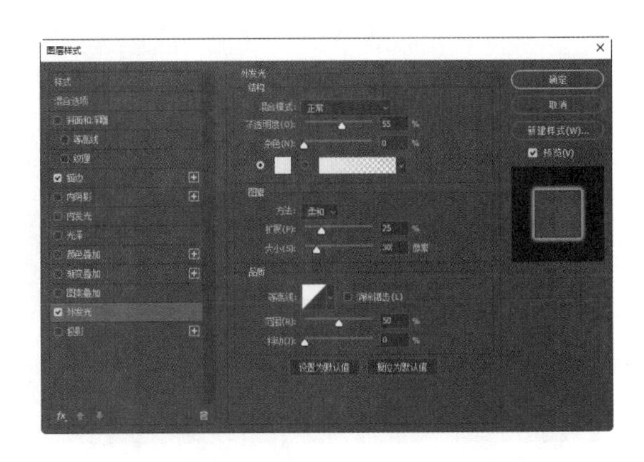

图 5-63 输入与调整文字后的效果　　图 5-64 设置“外发光”样式的参数（2）

（12）单击“确定”按钮，效果如图 5-65 所示。

（13）将白色文字“自主研发”、“民族品牌”与“科技创新”3 个图层合并为一个图层，按快捷键 Ctrl+J 将合并后的文字图层复制一个副本图层，并将副本图层填充为黑色，将副本图层调整到文字图层下方，使其能更好地衬托白色文字，如图 5-66 所示。

图 5-65 添加“外发光”样式与“描边”样式后的效果　　图 5-66 调整副本图层的位置

（14）按住 Ctrl 键，单击文字图层缩略图载入文字选区，按快捷键 Ctrl+Shift+I 对选区进行反向选取，按 Delete 键删除选区的内容，按快捷键 Ctrl+D 取消选区，选择副本图层，按两次↓键，向下微调 2 像素，效果如图 5-67 所示。

（15）在背景图层上新建一个图层，选择工具箱中的矩形选框工具，绘制如图 5-68 所示的矩形选区，为选区填充颜色（# 0d0642）后取消选区。

（16）选择工具箱中的横排文字工具，在画布上输入白色文字“2023 年 9 月 10 日全面开售。线下销售地址：深圳华为直营店。线上销售地址：华为商城、天猫官方旗舰店”，调整文字的大小及位置，完成手机杂志广告的设计，效果如图 5-69 所示。

图 5-67　文字衬托效果

图 5-68　绘制矩形选区

图 5-69　手机杂志广告设计效果

实训 - 评价单

实训编号	5- 任务 3	实训名称	画面分割的运用——设计手机杂志广告
评价项目		自评	教师评价
课堂表现	学习态度（20 分）		
	课堂参与（10 分）		
	团队合作（10 分）		
技能操作	利用“变换”命令分割画面（30 分）		
	利用图层样式美化合成图像（20 分）		
	利用文字工具输入手机杂志广告文本（10 分）		
评价时间	年　月　日	教师签字	

评价等级划分						
项目		A	B	C	D	E
课堂表现	学习态度	在积极主动、虚心求教、自主学习、细致严谨上表现优秀	在积极主动、虚心求教、自主学习、细致严谨上表现良好	在积极主动、虚心求教、自主学习、细致严谨上表现较好	在积极主动、虚心求教、自主学习、细致严谨上表现尚可	在积极主动、虚心求教、自主学习、细致严谨上表现不佳
	课堂参与	积极参与课堂活动，参与内容完成得很好	积极参与课堂活动，参与内容完成得好	积极参与课堂活动，参与内容完成得较好	能参与课堂活动，参与内容完成得一般	能参与课堂活动，参与内容完成得欠佳
	团队合作	具有很强的团队合作能力、能与老师和同学进行沟通交流	具有良好的团队合作能力、能与老师和同学进行沟通交流	具有较好的团队合作能力、尚能与老师和同学进行沟通交流	具有与团队进行合作的能力、与老师和同学进行沟通交流的能力一般	不具有与团队进行合作的能力、不能与老师和同学进行沟通交流

续表

项目		A	B	C	D	E
技能操作	利用“变换”命令分割画面	能独立并熟练地完成	能独立并较熟练地完成	能在他人提示下顺利完成	能在他人帮助下完成	未能完成
	利用图层样式美化合成图像	能独立并熟练地完成	能独立并较熟练地完成	能在他人提示下顺利完成	能在他人帮助下完成	未能完成
	利用文字工具输入手机杂志广告文本	能独立并熟练地完成	能独立并较熟练地完成	能在他人提示下顺利完成	能在他人帮助下完成	未能完成

实训 - 任务单

实训编号	5- 任务 4	实训名称	画面平衡的运用——设计公益广告
实训内容	运用画面平衡设计公益广告		
实训目的	用户通过运用画面平衡，能够了解在平面设计中美学构成的重要性，为今后设计出形象生动、富有韵律的平面作品打好基础		
设备环境	台式计算机或笔记本电脑，建议使用 Windows 10 以上操作系统		
知识点	1. 直线工具 2. 绘制选区并填充 3. 图像合成 4. 图层样式 5. 文字工具	技能	掌握利用直线工具制作背景、利用素材文件进行图像合成、利用图层样式添加效果、利用文字工具设计公益广告的方法
所在班级		小组成员	
实训难度	高级	指导教师	
实施地点		实施日期	年 月 日
实施步骤	（1）新建一个图像文件 （2）利用直线工具及选区制作背景 （3）使用图层样式为合成的图像添加效果 （4）输入公益广告文本		
参考案例	无		

（1）打开 Photoshop 窗口，新建一个尺寸为“20 厘米×10.5 厘米”、名称为“设计公益广告”的图像文件，其他参数设置如图 5-70 所示，单击“创建”按钮，完成图像文件的创建。

（2）设置前景色为 #0f3a04，按快捷键 Alt+Delete 给画布填充前景色。设置前景色为

#f7f7f2，选择工具箱中的直线工具▨，在直线工具属性栏中设置工具模式为“像素”、粗细为1像素，在画布上绘制直线，如图5-71所示。

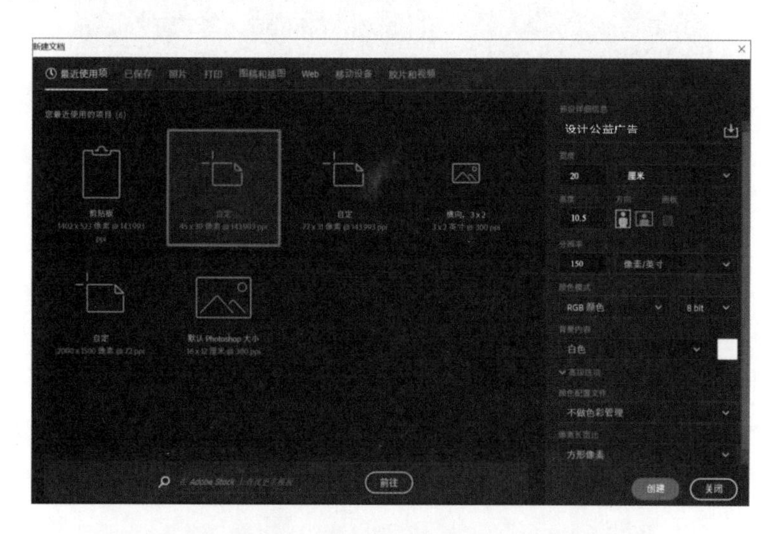

图5-70　设置“新建文档”对话框中的参数

图5-71　绘制直线

（3）调整直线图层的不透明度为35%。将调整后的直线图层复制一个副本图层，修改其不透明度为20%，并调整其位置，如图5-72所示。

图5-72　调整副本直线图层的状态及位置

（4）单击“图层”面板中的“添加图层蒙版”按钮▣，给副本直线图层添加图层蒙版，选择工具箱中的渐变工具▣，填充由黑到白的线性渐变颜色，效果如图5-73所示。

图 5-73　给直线蒙版图层填充线性渐变颜色后的效果

（5）单击“图层”面板中的“创建新图层”按钮，新建一个图层，并将其命名为“方框装饰”。将副本直线图层上移 36 像素，选择工具箱中的矩形选框工具，创建如图 5-74 所示的矩形选区。

图 5-74　创建矩形选区

（6）设置前景色为 #f7f7f2，设置背景色为 #0f4304，选择工具箱中的渐变工具，填充线性渐变颜色，效果如图 5-75 所示，按快捷键 Ctrl+D 取消选区。

图 5-75　给矩形选区填充线性渐变颜色后的效果

（7）打开素材文件“碳达峰 .png”与“碳中和 .png”，如图 5-76 所示，将其拖动到“设计公益广告”文件中，设置图片的不透明度为 10%，调整其大小与位置，效果如图 5-77 所示。

图 5-76　打开素材文件“碳达峰 .png”与“碳中和 .png”

图 5-77　调整图片的不透明度、大小与位置

（8）打开素材文件“汽车 .png”，如图 5-78 所示，将其拖动到“设计公益广告”文件中，调整汽车图片的大小与位置，如图 5-79 所示。

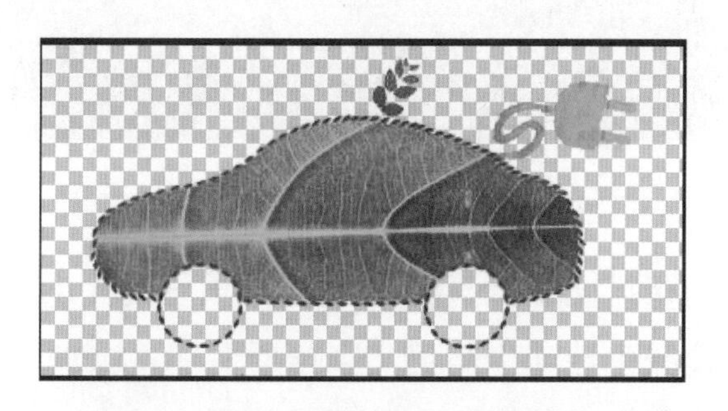

图 5-78　打开素材文件“汽车 .png”

图 5-79　调整汽车图片的大小与位置

（9）给汽车图片添加一个“外发光”样式，并设置相应的参数，如图 5-80 所示。

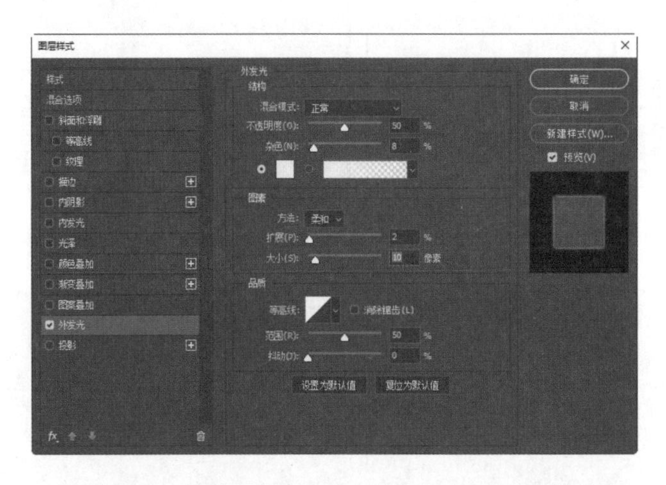

图 5-80　设置“外发光”样式的参数（1）

（10）单击“确定”按钮，效果如图 5-81 所示。

图 5-81　添加“外发光”样式后的效果

（11）选择工具箱中的横排文字工具 T，设置前景色为 # d1b93a，在画布上输入宣传语文字“低碳生活”、“创建绿色地球”与英文宣传语文字“LOW CARBON LIFE CREATING A GREEN EARTH”，设置英文宣传语文字的不透明度为 60%，并将中英文宣传语文字调整到如图 5-82 所示的位置。

图 5-82　输入与调整中英文宣传语文字

（12）按快捷键 Ctrl+J 将中文宣传语文字复制一个副本图层。选择副本图层中的文字，将颜色修改为#d18a23，给文字添加“投影”样式与“外发光”样式，相应的参数设置如图 5-83、图 5-84 所示。

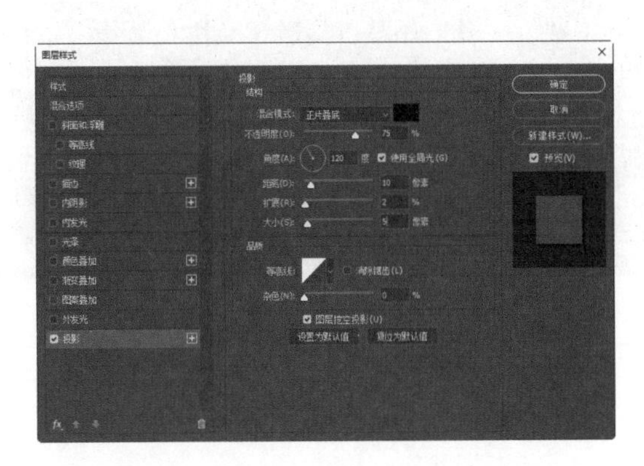

图 5-83　设置“投影”样式的参数

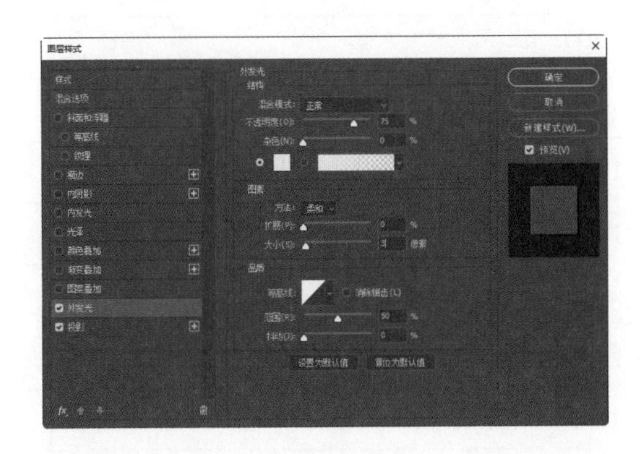

图 5-84　设置“外发光”样式的参数（2）

（13）单击“确定”按钮，效果如图 5-85 所示。

图 5-85　添加“投影”样式与“外发光”样式后的效果

（14）选择工具箱中的横排文字工具 T，在画布上输入白色文字“将碳达峰、碳中和目标要求全面融入经济社会发展的长期规划中”，调整其位置，设置字间距为 300，不透明度为 60%，效果如图 5-86 所示。这样的设计使得整个画面平衡而生动。

图 5-86　输入其他文字后的效果

实训 - 评价单

实训编号	5- 任务 4	实训名称	画面平衡的运用——设计公益广告
评价项目		自评	教师评价
课堂表现	学习态度（20 分）		
	课堂参与（10 分）		
	团队合作（10 分）		
技能操作	利用直线工具制作背景（30 分）		
	利用素材文件进行图像合成（20 分）		
	利用文字工具输入公益广告文本（10 分）		
评价时间	年　月　日	教师签字	

评价等级划分						
项目		A	B	C	D	E
课堂表现	学习态度	在积极主动、虚心求教、自主学习、细致严谨上表现优秀	在积极主动、虚心求教、自主学习、细致严谨上表现良好	在积极主动、虚心求教、自主学习、细致严谨上表现较好	在积极主动、虚心求教、自主学习、细致严谨上表现尚可	在积极主动、虚心求教、自主学习、细致严谨上表现不佳
	课堂参与	积极参与课堂活动，参与内容完成得很好	积极参与课堂活动，参与内容完成得好	积极参与课堂活动，参与内容完成得较好	能参与课堂活动，参与内容完成得一般	能参与课堂活动，参与内容完成得欠佳
	团队合作	具有很强的团队合作能力、能与老师和同学进行沟通交流	具有良好的团队合作能力、能与老师和同学进行沟通交流	具有较好的团队合作能力、尚能与老师和同学进行沟通交流	具有与团队进行合作的能力、与老师和同学进行沟通交流的能力一般	不具有与团队进行合作的能力、不能与老师和同学进行沟通交流

续表

项目		A	B	C	D	E
技能操作	利用直线工具制作背景	能独立并熟练地完成	能独立并较熟练地完成	能在他人提示下顺利完成	能在他人帮助下完成	未能完成
	利用素材文件进行图像合成	能独立并熟练地完成	能独立并较熟练地完成	能在他人提示下顺利完成	能在他人帮助下完成	未能完成
	利用文字工具输入公益广告文本	能独立并熟练地完成	能独立并较熟练地完成	能在他人提示下顺利完成	能在他人帮助下完成	未能完成

技术点评

本项目实训是平面美学构成的典型案例。构成是让平面作品更加生动、更具有韵律的基石。作为美术设计，需要掌握的基础就是构成学，它包括点、线、面的运用，色彩的运用和立体的运用。本项目中的实训案例是运用平面美学知识进行商业设计的典范，希望读者能举一反三，根据商业需要设计出更加出色的作品。

技能检测

（1）根据本项目所提供的素材，完成如图 5-87 所示的平面的点、线、面及色彩设计。

图 5-87　示例 1

（2）根据本项目所学知识，制作如图 5-88 所示的心愿卡。

图 5-88　示例 2

项目 6

数码图像的处理

实训 - 任务单

实训编号	6- 任务 1	实训名称	抠取图像训练
实训内容	抠取图像的操作		
实训目的	灵活使用选区工具抠取图像		
设备环境	台式计算机或笔记本电脑，建议使用 Windows 10 以上操作系统		
知识点	1．使用钢笔工具绘制选区 2．使用磁性套索工具绘制选区 3．使用魔棒工具绘制选区	技能	掌握选区制作、选区图像复制的操作方法，完成抠取图像的任务
所在班级		小组成员	
实训难度	初级	指导教师	
实施地点		实施日期	年　月　日
实施步骤	（1）打开素材文件 （2）使用钢笔工具、磁性套索工具、魔棒工具绘制选区 （3）复制选区中的图像 （4）调整再制图像，完成抠取图像的操作		
参考案例	无		

抠取图像中水果的操作方法有 3 种。

方法一：使用钢笔工具抠取图像。

（1）打开素材文件，如图 6-1 所示。

（2）选择工具箱中的钢笔工具，在画布上选择水果图像，如图 6-2 所示，在选择水果图像时，可按快捷键 Ctrl+“+”放大图像，这样做可以使选择的图像比较精确。

图 6-1　打开素材文件

图 6-2　使用钢笔工具选择水果图像

（3）首先按快捷键 Ctrl+Enter 将路径转换为选区，其次按快捷键 Ctrl+C 复制选区内的图像，再次按快捷键 Ctrl+V 将复制到剪贴板中的图像粘贴出来，最后将其移动到如图 6-3 所示的位置，这样就能从图像中抠取出所需要的部分。

图 6-3 抠取图像并移动到适当的位置（1）

方法二：使用磁性套索工具抠取图像。

（1）选择工具箱中的磁性套索工具，设置该工具的属性栏参数，如图 6-4 所示。

图 6-4 设置磁性套索工具的属性栏参数

（2）在画布上水果图像的边缘单击，并沿着水果图像边缘移动鼠标指针，如果选择的图像有拐角，则可以单击一下，增加一个定位锚点，如图 6-5 所示，直至选择了如图 6-6 所示的水果。

图 6-5 在拐角处增加定位锚点

图 6-6 选择水果图像

（3）先按快捷键 Ctrl+C 复制选区内的图像，再按快捷键 Ctrl+V 将复制到剪贴板中的图像粘贴出来，这样就能从图像中抠取出所需要的部分。

方法三：使用魔棒工具抠取图像。

（1）选择工具箱中的魔棒工具，设置该工具的属性栏参数，如图 6-7 所示。

图 6-7 设置魔棒工具的属性栏参数

（2）在画布的蓝色背景上单击，如图 6-8 所示，直至选择了如图 6-9 所示的蓝色背景。

图 6-8　在画布的蓝色背景上单击

图 6-9　选择蓝色背景

（3）按快捷键 Ctrl+Shift+I 对选区进行反向选取，得到草莓选区，按快捷键 Ctrl+J 复制草莓选区，移动草莓的位置，这样就能从图像中抠取出所需要的部分，如图 6-10 所示。

图 6-10　抠取图像并移动到适当的位置（2）

实训 - 评价单

<table>
<tr><td colspan="2">实训编号</td><td colspan="3">6- 任务 1</td><td>实训名称</td><td colspan="2">抠取图像训练</td></tr>
<tr><td colspan="5">评价项目</td><td>自评</td><td colspan="2">教师评价</td></tr>
<tr><td colspan="2" rowspan="3">课堂表现</td><td colspan="3">学习态度（20 分）</td><td></td><td colspan="2"></td></tr>
<tr><td colspan="3">课堂参与（10 分）</td><td></td><td colspan="2"></td></tr>
<tr><td colspan="3">团队合作（10 分）</td><td></td><td colspan="2"></td></tr>
<tr><td colspan="2" rowspan="2">技能操作</td><td colspan="3">选区工具的运用（30 分）</td><td></td><td colspan="2"></td></tr>
<tr><td colspan="3">抠取图像效果（30 分）</td><td></td><td colspan="2"></td></tr>
<tr><td colspan="2">评价时间</td><td colspan="3">年　月　日</td><td>教师签字</td><td colspan="2"></td></tr>
<tr><td colspan="8">评价等级划分</td></tr>
<tr><td colspan="2">项目</td><td>A</td><td>B</td><td colspan="2">C</td><td>D</td><td>E</td></tr>
<tr><td>课堂表现</td><td>学习态度</td><td>在积极主动、虚心求教、自主学习、细致严谨上表现优秀</td><td>在积极主动、虚心求教、自主学习、细致严谨上表现良好</td><td colspan="2">在积极主动、虚心求教、自主学习、细致严谨上表现较好</td><td>在积极主动、虚心求教、自主学习、细致严谨上表现尚可</td><td>在积极主动、虚心求教、自主学习、细致严谨上表现不佳</td></tr>
</table>

续表

项目		A	B	C	D	E
课堂表现	课堂参与	积极参与课堂活动，参与内容完成得很好	积极参与课堂活动，参与内容完成得好	积极参与课堂活动，参与内容完成得较好	能参与课堂活动，参与内容完成得一般	能参与课堂活动，参与内容完成得欠佳
	团队合作	具有很强的团队合作能力、能与老师和同学进行沟通交流	具有良好的团队合作能力、能与老师和同学进行沟通交流	具有较好的团队合作能力、尚能与老师和同学进行沟通交流	具有与团队进行合作的能力、与老师和同学进行沟通交流的能力一般	不具有与团队进行合作的能力、不能与老师和同学进行沟通交流
技能操作	选区工具的运用	能独立并熟练地完成	能独立并较熟练地完成	能在他人提示下顺利完成	能在他人帮助下完成	未能完成
	抠取图像效果	能独立并熟练地完成	能独立并较熟练地完成	能在他人提示下顺利完成	能在他人帮助下完成	未能完成

实训 - 任务单

实训编号	**6- 任务 2**	**实训名称**	**背景图片替换训练**
实训内容	抠取图像的操作技巧		
实训目的	熟悉使用钢笔工具绘制选区的方法，掌握抠取图像的操作技巧，能使用钢笔工具完成抠取图像的任务		
设备环境	台式计算机或笔记本电脑，建议使用 Windows 10 以上操作系统		
知识点	1. 使用钢笔工具绘制选区 2. 抠取图像 3. 调整抠取图像，完成背景替换	技能	掌握使用钢笔工具绘制选区并抠取图像的方法
所在班级		小组成员	
实训难度	中级	指导教师	
实施地点		实施日期	年　月　日
实施步骤	（1）打开素材文件 （2）使用钢笔工具绘制选区 （3）调整抠取的图像 （4）替换背景图片，完成任务制作		
参考案例	无		

（1）打开素材文件，即海鸥图像与风景图像，如图 6-11、图 6-12 所示。下面将图 6-11 中的背景换成图 6-12 中的背景。

（2）选择工具箱中的钢笔工具，在画布上参照前文介绍的抠图方法先抠取图像中的海鸥（需要放大图像），如图 6-13 所示。

图6-11　打开海鸥图像

图6-12　打开风景图像

图6-13　使用钢笔工具抠取图像中的海鸥

（3）按快捷键 Ctrl+Enter 将路径转换为选区，将鼠标指针移到选区内，按住鼠标左键将选区内的图像移动到图6-12中，调整海鸥图像的大小，更换背景后的图像效果如图6-14所示。如果海鸥图像被移动到另一个背景中出现白色边界，则可以选择“图像”→“裁剪”命令去除边界。

图6-14　更换背景后的图像效果

实训 - 评价单

实训编号	6- 任务 2	实训名称	背景图片替换训练
评价项目		自评	教师评价
课堂表现	学习态度（20 分）		
	课堂参与（10 分）		
	团队合作（10 分）		
技能操作	使用钢笔工具绘制选区（30 分）		
	调整抠取的图像（30 分）		
评价时间	年　月　日	教师签字	

评价等级划分						
项目		A	B	C	D	E
课堂表现	学习态度	在积极主动、虚心求教、自主学习、细致严谨上表现优秀	在积极主动、虚心求教、自主学习、细致严谨上表现良好	在积极主动、虚心求教、自主学习、细致严谨上表现较好	在积极主动、虚心求教、自主学习、细致严谨上表现尚可	在积极主动、虚心求教、自主学习、细致严谨上表现不佳
	课堂参与	积极参与课堂活动，参与内容完成得很好	积极参与课堂活动，参与内容完成得好	积极参与课堂活动，参与内容完成得较好	能参与课堂活动，参与内容完成得一般	能参与课堂活动，参与内容完成得欠佳
	团队合作	具有很强的团队合作能力、能与老师和同学进行沟通交流	具有良好的团队合作能力、能与老师和同学进行沟通交流	具有较好的团队合作能力、尚能与老师和同学进行沟通交流	具有与团队进行合作的能力、与老师和同学进行沟通交流的能力一般	不具有与团队进行合作的能力、不能与老师和同学进行沟通交流
技能操作	使用钢笔工具绘制选区	能独立并熟练地完成	能独立并较熟练地完成	能在他人提示下顺利完成	能在他人帮助下完成	未能完成
	调整抠取的图像	能独立并熟练地完成	能独立并较熟练地完成	能在他人提示下顺利完成	能在他人帮助下完成	未能完成

实训 - 任务单

实训编号	6- 任务 3	实训名称	修复破损图像训练
实训内容	修饰工具的基本操作		
实训目的	灵活使用修复画笔工具、修补工具修复图像		
设备环境	台式计算机或笔记本电脑，建议使用 Windows 10 以上操作系统		

续表

实训编号	6- 任务 3	实训名称	修复破损图像训练
知识点	1. 使用修复画笔工具 2. 使用修补工具 3. 调整修复效果	技能	掌握使用修复工具进行图像修整的方法
所在班级		小组成员	
实训难度	初级	指导教师	
实施地点		实施日期	年　月　日
实施步骤	（1）打开素材文件 （2）使用修复画笔工具完成画面的修饰 （3）使用修补工具完成画面的修饰		
参考案例	去除照片斑点的方法		

方法一：使用修复画笔工具修复图像。

（1）打开素材文件“破损图像 .jpg”，如图 6-15 所示。

图 6-15　打开素材文件“破损图像 .jpg”

（2）选择工具箱中的修复画笔工具，在该工具属性栏中选择大小为 20 像素、硬度值为 0 的圆形画笔，并设置其他相应的参数，如图 6-16 所示。

图 6-16　设置修复画笔工具的属性栏参数

（3）按住 Alt 键，在画布上的破损边缘取样，如图 6-17 所示。将鼠标指针移动到图像的破损处，如图 6-18 所示。单击即可得到修复后的效果，如图 6-19 所示。

图 6-17 在破损边缘取样

图 6-18 将鼠标指针移动到图像的破损处

图 6-19 单击修复图像

（4）使用同样的方法，并采取亮点对亮点、暗点对暗点的方式修复图像，其效果如图 6-20 所示。

图 6-20 使用修复画笔工具修复图像后的效果

方法二：使用修补工具修复图像。

（1）打开素材文件“破损照片修复 .jpg”，如图 6-21 所示。在该图像中，人物的衣服损坏得比较严重，必须进行修复。由于面积比较大，如果使用上述修复方法，则修复起来比较麻烦。下面介绍一种针对这种情况比较快捷的修复方法。

图 6-21 打开素材文件“破损照片修复 .jpg”

（2）选择工具箱中的修补工具，在如图 6-22 所示的属性栏中，有两个重要参数。其中，当“源”选项处于选中状态时，必须先选择衣服损坏的区域，再将该区域内的图像拖动到洁净衣服处进行修复。当“目标”选项处于选中状态时，必须先选择洁净衣服区域，再将该区域内的图像拖动到衣服损坏处进行修复。下面分别练习使用这两个选项进行修复图像的方法。

图 6-22　修补工具的属性栏

（3）确认“源”选项处于选中状态，在图像中选择衣服损坏区域，如图 6-23 所示。

图 6-23　选择衣服损坏区域

（4）按住鼠标左键，将选区内的图像拖动到洁净衣服区域，如图 6-24 所示，释放鼠标左键并取消选区，图像修复完成，效果如图 6-25 所示。

图 6-24　将选区内图像拖动到洁净衣服区域

图 6-25　修复完成后的图像效果

（5）确认“目标”选项处于选中状态，在图像中选择洁净衣服区域，如图 6-26 所示。

图 6-26　选择洁净衣服区域

（6）按住鼠标左键，将选区内的图像拖动到衣服损坏区域，如图 6-27 所示，释放鼠标左键，效果如图 6-28 所示。

图 6-27　将选区内的图像拖动到衣服损坏区域

图 6-28　初步修补效果

（7）使用同样的方法将洁净衣服选区覆盖在衣服损坏处，直至修复完成，效果如图 6-29 所示。

图 6-29　修补完成后的图像效果

实训 - 评价单

实训编号	6- 任务 3	实训名称	修复破损图像训练
评价项目		自评	教师评价
课堂表现	学习态度（20 分）		
	课堂参与（10 分）		
	团队合作（10 分）		
技能操作	使用修复画笔工具（15 分）		
	使用修补工具（15 分）		
	修复效果（30 分）		
评价时间	年　月　日	教师签字	

评价等级划分

项目		A	B	C	D	E
课堂表现	学习态度	在积极主动、虚心求教、自主学习、细致严谨上表现优秀	在积极主动、虚心求教、自主学习、细致严谨上表现良好	在积极主动、虚心求教、自主学习、细致严谨上表现较好	在积极主动、虚心求教、自主学习、细致严谨上表现尚可	在积极主动、虚心求教、自主学习、细致严谨上表现不佳
	课堂参与	积极参与课堂活动，参与内容完成得很好	积极参与课堂活动，参与内容完成得好	积极参与课堂活动，参与内容完成得较好	能参与课堂活动，参与内容完成得一般	能参与课堂活动，参与内容完成得欠佳
	团队合作	具有很强的团队合作能力、能与老师和同学进行沟通交流	具有良好的团队合作能力、能与老师和同学进行沟通交流	具有较好的团队合作能力、尚能与老师和同学进行沟通交流	具有与团队进行合作的能力、与老师和同学进行沟通交流的能力一般	不具有与团队进行合作的能力、不能与老师和同学进行沟通交流
技能操作	使用修复画笔工具	能独立并熟练地完成	能独立并较熟练地完成	能在他人提示下顺利完成	能在他人帮助下完成	未能完成
	使用修补工具	能独立并熟练地完成	能独立并较熟练地完成	能在他人提示下顺利完成	能在他人帮助下完成	未能完成
	修复效果	能独立并熟练地完成	能独立并较熟练地完成	能在他人提示下顺利完成	能在他人帮助下完成	未能完成

实训 - 任务单

实训编号	6- 任务 4	实训名称	使用“液化”命令处理图像训练
实训内容	液化特效的操作		
实训目的	灵活使用“液化”命令修整图像		

续表

实训编号	6- 任务 4	实训名称	使用“液化”命令处理图像训练
设备环境	台式计算机或笔记本电脑，建议使用 Windows 10 以上操作系统		
知识点	1．使用“液化”命令 2．设置“液化”对话框 3．液化效果的应用	技能	掌握使用“液化”命令进行图像修整的方法
所在班级		小组成员	
实训难度	中级	指导教师	
实施地点		实施日期	年　月　日
实施步骤	（1）打开素材文件 （2）使用“液化”命令弹出“液化”对话框 （3）使用向前变形工具进行图像修整 （4）调整液化效果		
参考案例	照片的艺术处理		

（1）打开素材文件“液化素材 .jpg”，如图 6-30 所示。

图 6-30　打开素材文件“液化素材 .jpg”

（2）为人物增加笑容，以及将该人脸进行“瘦脸”处理。选择“滤镜”→“液化”命令，或者按快捷键 Ctrl+Shift+X，弹出“液化”对话框，如图 6-31 所示。

图 6-31　“液化”对话框

（3）单击液化工具箱中的向前变形工具，使用该工具可以在需要扭曲的区域单击鼠标左键并按住不放，拖动鼠标指针，由于在鼠标指针下的区域会如液态物质一样被推向鼠标指针移动的方向，从而使图像产生扭曲变形的效果。在向前变形工具属性栏中，设置工具的大小为 30 像素，压力为 100，将鼠标指针放在人物的两个嘴角处向上提拉，效果如图 6-32 所示。

图 6-32　拖动人物的嘴角产生的效果

（4）在向前变形工具属性栏中，设置工具的大小为 40 像素，将鼠标指针放在如图 6-33 所示的位置，向图像右侧稍稍移动鼠标指针，直到感觉人脸变瘦，而且看起来自然为止。

图 6-33　需要进行处理的地方

（5）处理完之后，单击“确定”按钮，即可得到液化处理后的图像效果，如图 6-34 所示。

图 6-34　添加笑容和进行“瘦脸”处理后的图像效果

实训 - 评价单

实训编号	6- 任务 4	实训名称	使用“液化”命令处理图像训练
评价项目		自评	教师评价
课堂表现	学习态度（20 分）		
	课堂参与（10 分）		
	团队合作（10 分）		
技能操作	液化特效的使用（20 分）		
	完成瘦脸效果（20 分）		
	完成添加笑容效果（20 分）		
评价时间	年　月　日	教师签字	

评价等级划分						
项目		A	B	C	D	E
课堂表现	学习态度	在积极主动、虚心求教、自主学习、细致严谨上表现优秀	在积极主动、虚心求教、自主学习、细致严谨上表现良好	在积极主动、虚心求教、自主学习、细致严谨上表现较好	在积极主动、虚心求教、自主学习、细致严谨上表现尚可	在积极主动、虚心求教、自主学习、细致严谨上表现不佳
	课堂参与	积极参与课堂活动，参与内容完成得很好	积极参与课堂活动，参与内容完成得好	积极参与课堂活动，参与内容完成得较好	能参与课堂活动，参与内容完成得一般	能参与课堂活动，参与内容完成得欠佳
	团队合作	具有很强的团队合作能力、能与老师和同学进行沟通交流	具有良好的团队合作能力、能与老师和同学进行沟通交流	具有较好的团队合作能力、尚能与老师和同学进行沟通交流	具有与团队进行合作的能力、与老师和同学进行沟通交流的能力一般	不具有与团队进行合作的能力、不能与老师和同学进行沟通交流
技能操作	液化特效的使用	能独立并熟练地完成	能独立并较熟练地完成	能在他人提示下顺利完成	能在他人帮助下完成	未能完成
	完成瘦脸效果	能独立并熟练地完成	能独立并较熟练地完成	能在他人提示下顺利完成	能在他人帮助下完成	未能完成
	完成添加笑容效果	能独立并熟练地完成	能独立并较熟练地完成	能在他人提示下顺利完成	能在他人帮助下完成	未能完成

技术点评

本项目实训是平面作品处理中的典型案例。广告公司及婚纱影楼经常使用“液化”命令修整图像，该命令是用户胜任实际工作不可或缺的利器和法宝。

技能检测

（1）打开素材文件，将图 6-35（a）中的红辣椒抠取出来，并移动到如图 6-35（b）所示的位置。

（a）

（b）

图 6-35　抠图示例

（2）将图 6-11 中的海鸥移动到图 6-36 的背景中。

图 6-36　更换背景示例

（3）将图 6-37（a）中的破损图像修复为如图 6-37（b）所示的效果。

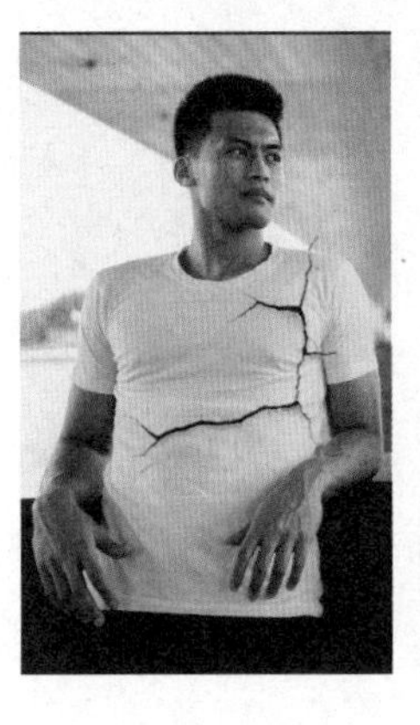
（a）

（b）

图 6-37　修复破损图像示例

（4）使用“液化”命令为图 6-38（a）中的人物添加笑容并进行“瘦脸”，其效果如图 6-38（b）所示。

（a）　　　　（b）

图 6-38　为人物添加笑容并进行“瘦脸”示例

（5）使用“液化”命令和向前变形工具分别移动图 6-39 中的网格，看一看有什么不同。

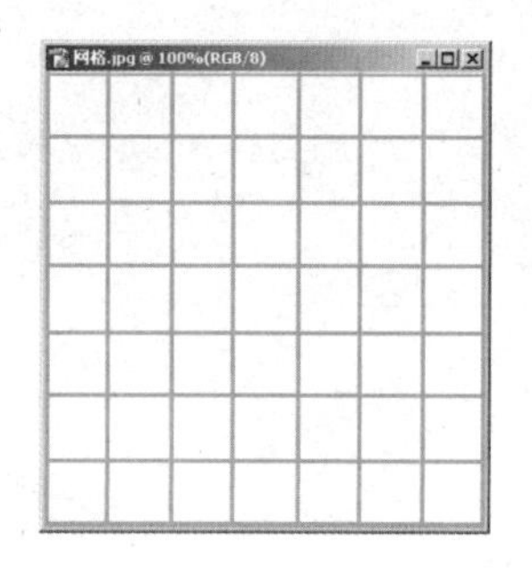

图 6-39　移动网格的示例

项目 7
案例实战

实训 - 任务单

实训编号	7- 任务 1（1）	实训名称	制作文字特效
实训内容	制作火焰文字效果		
实训目的	灵活使用各种滤镜命令与图像模式制作火焰文字效果		
设备环境	台式计算机或笔记本电脑，建议使用 Windows 10 以上操作系统		
知识点	1．滤镜的组合使用 2．颜色模式的使用	技能	掌握制作火焰文字效果的方法
所在班级		小组成员	
实训难度	中级	指导教师	
实施地点		实施日期	年　月　日
实施步骤	（1）新建一个图像文件 （2）输入文字 （3）旋转后多次添加风滤镜 （4）旋转后添加波纹滤镜 （5）通过颜色模式的切换制作火焰文字效果		
参考案例	故障风文字效果		

（1）打开 Photoshop 窗口，选择“文件”→“新建”命令，在弹出的“新建文档”对话框中设置相应的参数，如图 7-1 所示，单击“创建”按钮，得到定制的画布。

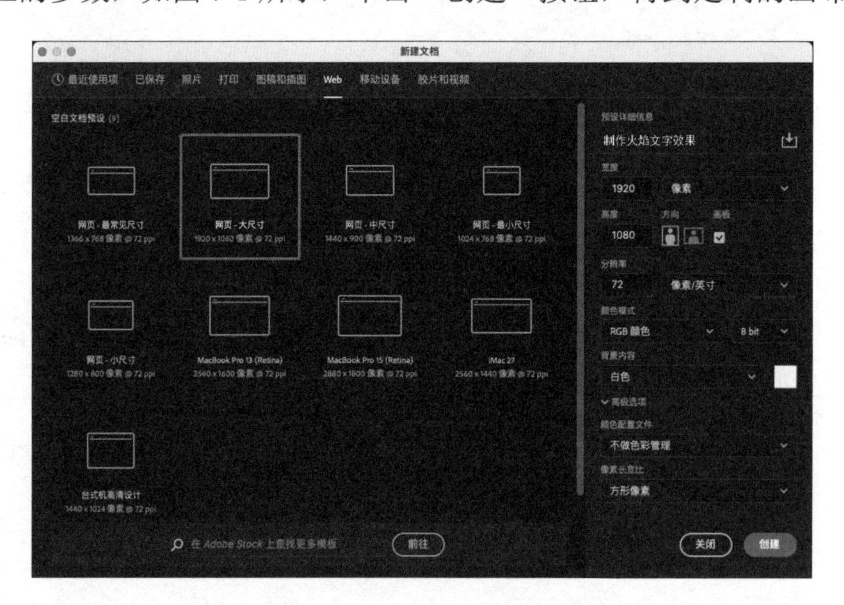

图 7-1　设置“新建文档”对话框中的参数

（2）设置前景色为 # 000000，按快捷键 Alt+Delete 给背景图层填充前景色，选择工具箱中的T工具，输入文字“少年强”，调整字号及字间距，将文字的颜色设置为 # ffffff，效果如图 7-2 所示。

图 7-2　输入与设置文字“少年强”

（3）选择“图像”→“图像旋转”→“90 度（顺时针）”命令，将画布顺时针旋转 90 度，效果如图 7-3 所示。在“图层”面板的文字图层上右击，在弹出的快捷菜单中选择“栅格化文字”命令，将文字图层转换为图形图层。

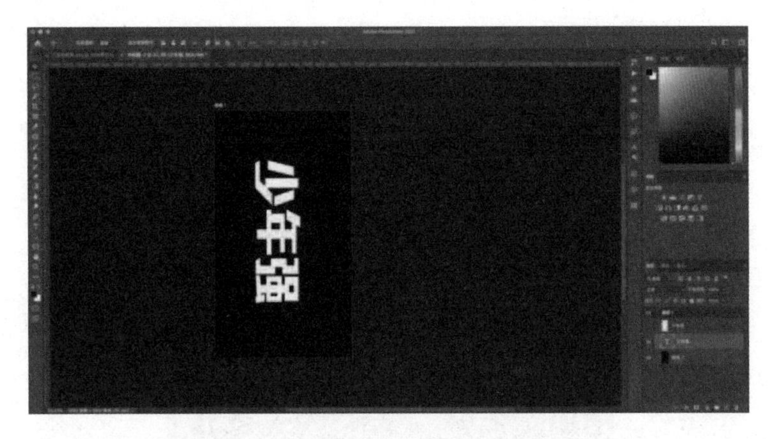

图 7-3　将画布顺时针旋转 90 度后的效果

（4）选择“滤镜”→“风格化”→“风”命令，弹出的“风”对话框，并设置相应的参数，如图 7-4 所示，单击“确定”按钮。

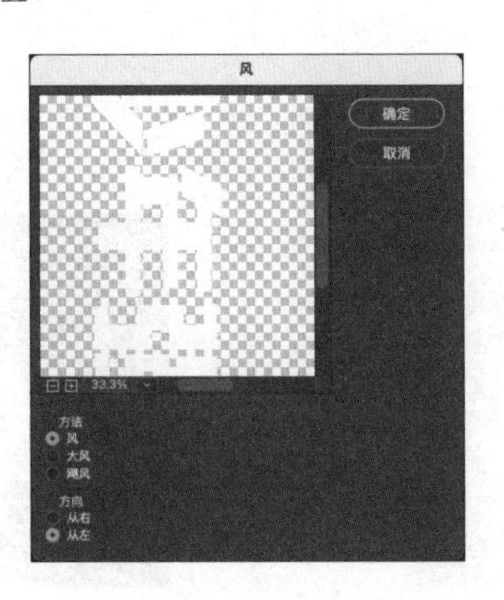

图 7-4　设置“风”对话框中的参数

（5）重复选择 3 次“风”命令，滤镜后的效果如图 7-5 所示。这里重复选择滤镜的次数由用户根据当前效果确定。

图 7-5　添加风滤镜后的效果

（6）选择“图像”→“图像旋转”→“90 度（逆时针）”命令，将画布逆时针旋转 90 度，效果如图 7-6 所示。从这里可以看出文字已经有一定的火焰效果，但并不是很真实。下面给火焰进行一定的扭曲，以增强真实效果。

图 7-6　将画布逆时针旋转 90 度后的效果

（7）选择“滤镜”→“扭曲”→“波纹”命令，在弹出的“波纹”对话框中设置相应的参数，如图 7-7 所示，单击“确定”按钮，效果如图 7-8 所示。确认“图层”面板中的文字图层处于选中状态，按快捷键 Ctrl+E 将文字图层与背景图层合并。

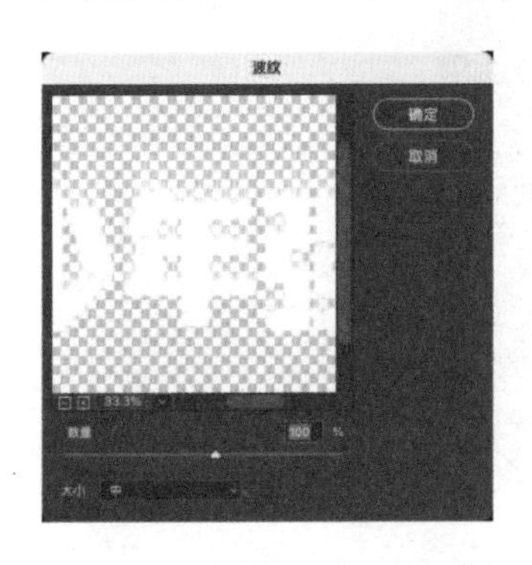

图 7-7　设置“波纹”对话框中的参数

图 7-8　添加波纹滤镜后的效果

（8）选择“图像”→“模式”→“灰度”命令，将 RGB 模式图像转换为灰度模式图像。选择“图像”→“模式”→“索引颜色”命令，将灰度模式图像转换为索引颜色模式图像。

这时可以看到，在模式命令组中的“颜色表”命令已呈黑色显示，这标志着“颜色表”命令已经可以执行，如图 7-9 所示。

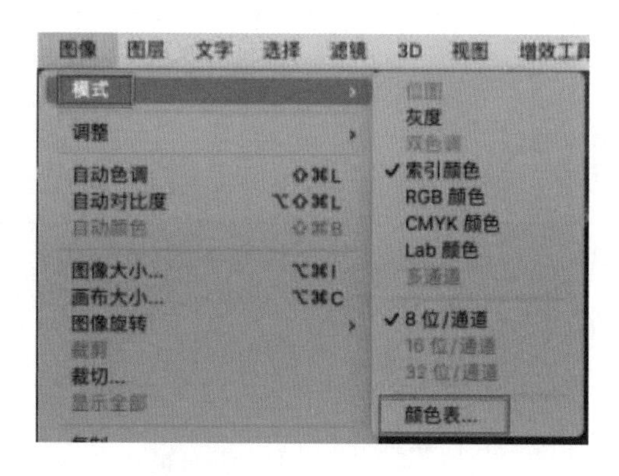

图 7-9　“颜色表”命令呈黑色可执行状态

（9）选择“图像”→“模式”→“颜色表”命令，在弹出的“颜色表”对话框中，设置“颜色表”类型为“黑体”，如图 7-10 所示，单击“确定”按钮，文字的火焰效果如图 7-11 所示。

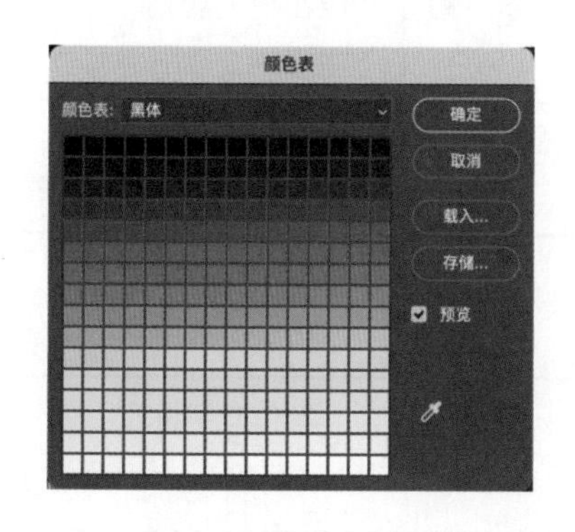

图 7-10　设置“颜色表”类型为“黑体”

图 7-11　文字的火焰效果

实训 - 评价单

实训编号	7- 任务 1（1）	实训名称	制作文字特效
评价项目		自评	教师评价
课堂表现	学习态度（20 分）		
	课堂参与（10 分）		
	团队合作（10 分）		
技能操作	滤镜的组合使用（30 分）		
	颜色模式的使用（30 分）		
评价时间	年　月　日	教师签字	
评价等级划分			

续表

项目		A	B	C	D	E
课堂表现	学习态度	在积极主动、虚心求教、自主学习、细致严谨上表现优秀	在积极主动、虚心求教、自主学习、细致严谨上表现良好	在积极主动、虚心求教、自主学习、细致严谨上表现较好	在积极主动、虚心求教、自主学习、细致严谨上表现尚可	在积极主动、虚心求教、自主学习、细致严谨上表现不佳
	课堂参与	积极参与课堂活动，参与内容完成得很好	积极参与课堂活动，参与内容完成得好	积极参与课堂活动，参与内容完成得较好	能参与课堂活动，参与内容完成得一般	能参与课堂活动，参与内容完成得欠佳
	团队合作	具有很强的团队合作能力、能与老师和同学进行沟通交流	具有良好的团队合作能力、能与老师和同学进行沟通交流	具有较好的团队合作能力、尚能与老师和同学进行沟通交流	具有与团队进行合作的能力、与老师和同学进行沟通交流的能力一般	不具有与团队进行合作的能力、不能与老师和同学进行沟通交流
技能操作	滤镜的组合使用	能独立并熟练地完成	能独立并较熟练地完成	能在他人提示下顺利完成	能在他人帮助下完成	未能完成
	颜色模式的使用	能独立并熟练地完成	能独立并较熟练地完成	能在他人提示下顺利完成	能在他人帮助下完成	未能完成

实训 - 任务单

实训编号	7- 任务 1（2）	实训名称	制作文字特效
实训内容	制作放射文字效果		
实训目的	使用“极坐标”命令、“风”命令与“色相 / 饱和度”命令制作放射文字效果		
设备环境	台式计算机或笔记本电脑，建议使用 Windows 10 以上操作系统		
知识点	1.“极坐标”命令的使用 2.“风”命令的使用 3.“色相 / 饱和度”命令的使用	技能	掌握制作放射文字效果的方法
所在班级		小组成员	
实训难度	中级	指导教师	
实施地点		实施日期	年　月　日
实施步骤	（1）新建一个图像文件 （2）输入文字 （3）添加极坐标滤镜 （4）添加风滤镜 （5）使用“色相 / 饱和度”命令添加颜色		
参考案例	弥散文字模糊效果		

（1）打开 Photoshop 窗口，选择“文件”→“新建”命令，在弹出的“新建文档”对话框中设置相应的参数，如图 7-12 所示，单击“创建”按钮，得到定制的画布。

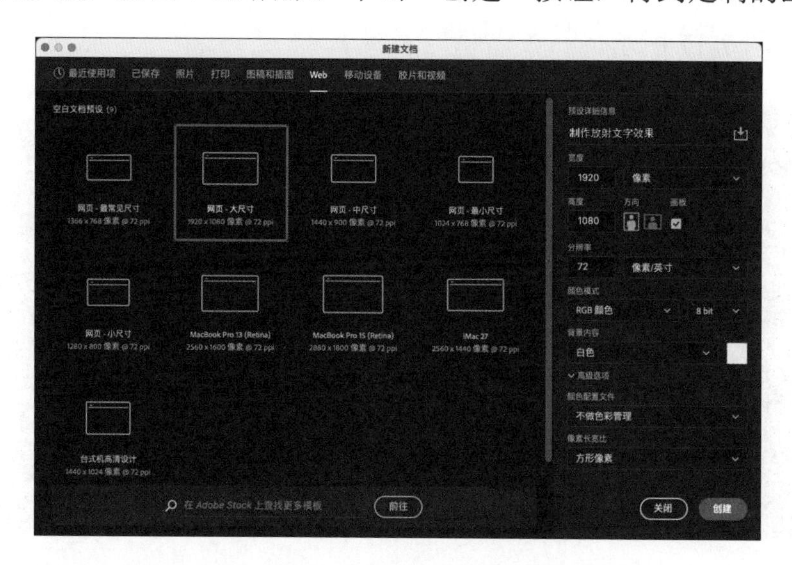

图 7-12　设置“新建文档”对话框中的参数

（2）按 D 键将前景色设置为“黑色”，按快捷键 Alt+Delete 给背景图层填充前景色。按 X 键将前景色与背景色进行切换，选择工具箱中的T工具，输入文字“活雷锋”，调整字号及字间距，效果如图 7-13 所示。

图 7-13　输入与设置文字“活雷锋”

（3）确认“图层”面板中的文字图层处于选中状态，按快捷键 Ctrl+E 将文字图层与背景图层合并。选择“滤镜”→“扭曲”→“极坐标”命令，在弹出的“极坐标”对话框中选中“极坐标到平面坐标”单选按钮，如图 7-14 所示，单击“确定”按钮，效果如图 7-15 所示。

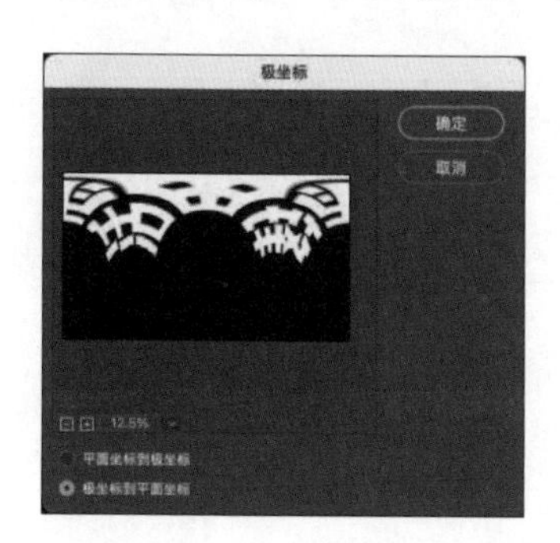

图 7-14　选中“极坐标到平面坐标”单选按钮

图 7-15　添加极坐标滤镜后的效果（1）

（4）选择“图像”→“图像旋转”→“90 度（顺时针）”命令，顺时针旋转画布，效果如图 7-16 所示。选择“滤镜”→“风格化”→“风”滤镜，在弹出的“风”对话框中设置相应的参数，如图 7-17 所示。

图 7-16　将画布顺时针旋转 90 度后的效果

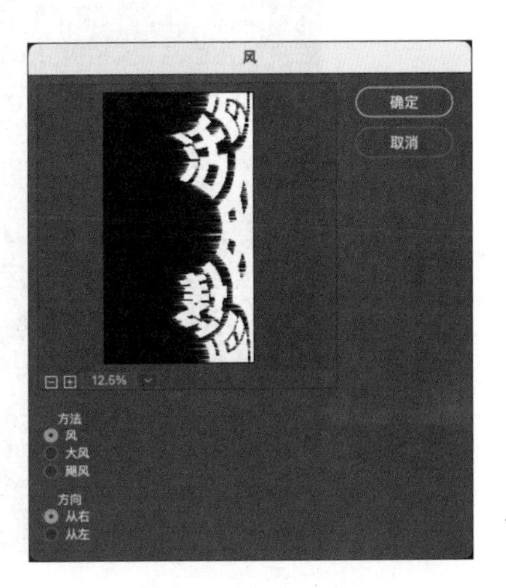

图 7-17　设置“风”对话框中的参数

（5）设置完“风”对话框中的参数后，单击“确定”按钮，效果如图 7-18 所示。如果觉得产生的效果不是很明显，则可以多次选择“风”命令，效果如图 7-19 所示。

图 7-18　添加风滤镜后的效果

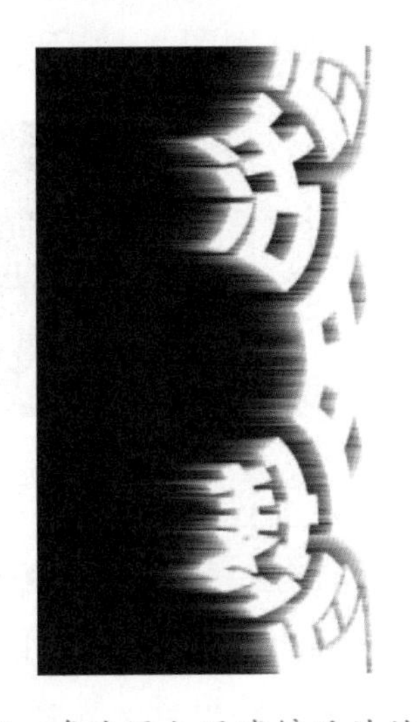

图 7-19　多次添加风滤镜后的效果

（6）选择“图像”→“图像旋转”→“90 度（逆时针）”命令，逆时针旋转画布，效果如图 7-20 所示。选择“滤镜”→“扭曲”→“极坐标”命令，在弹出的“极坐标”对话框中选中“平面坐标到极坐标”单选按钮，单击“确定”按钮，效果如图 7-21 所示。

图 7-20　将画布逆时针旋转 90 度后的效果　　图 7-21　添加极坐标滤镜后的效果（2）

（7）选择“图像”→“调整”→“色相 / 饱和度”命令，在弹出的“色相 / 饱和度”对话框中设置相应的参数，如图 7-22 所示，单击“确定”按钮，效果如图 7-23 所示。

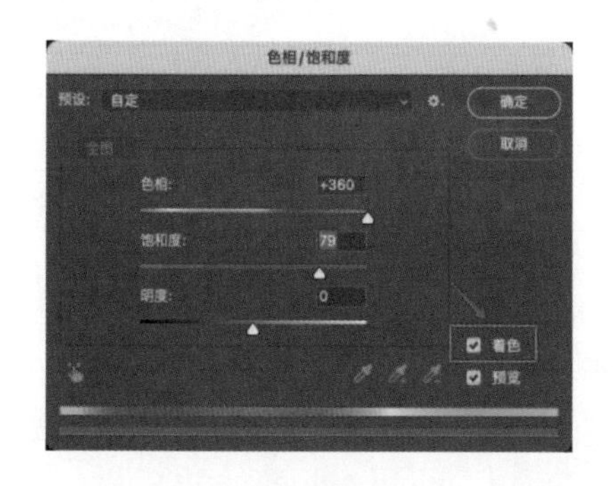

图 7-22　设置“色相 / 饱和度”对话框中的参数

图 7-23　执行“色相 / 饱和度”命令后的效果

实训 - 评价单

<table>
<tr><td colspan="2">实训编号</td><td colspan="3">7- 任务 1（2）</td><td>实训名称</td><td colspan="2">制作文字特效</td></tr>
<tr><td colspan="5">评价项目</td><td>自评</td><td colspan="2">教师评价</td></tr>
<tr><td colspan="2" rowspan="3">课堂表现</td><td colspan="3">学习态度（20 分）</td><td></td><td colspan="2"></td></tr>
<tr><td colspan="3">课堂参与（10 分）</td><td></td><td colspan="2"></td></tr>
<tr><td colspan="3">团队合作（10 分）</td><td></td><td colspan="2"></td></tr>
<tr><td colspan="2" rowspan="2">技能操作</td><td colspan="3">“极坐标”命令的使用（30 分）</td><td></td><td colspan="2"></td></tr>
<tr><td colspan="3">“色相 / 饱和度”命令的使用（30 分）</td><td></td><td colspan="2"></td></tr>
<tr><td colspan="2">评价时间</td><td colspan="3">年　月　日</td><td>教师签字</td><td colspan="2"></td></tr>
<tr><td colspan="8">评价等级划分</td></tr>
<tr><td colspan="2">项目</td><td>A</td><td>B</td><td colspan="2">C</td><td>D</td><td>E</td></tr>
<tr><td>课堂表现</td><td>学习态度</td><td>在积极主动、虚心求教、自主学习、细致严谨上表现优秀</td><td>在积极主动、虚心求教、自主学习、细致严谨上表现良好</td><td colspan="2">在积极主动、虚心求教、自主学习、细致严谨上表现较好</td><td>在积极主动、虚心求教、自主学习、细致严谨上表现尚可</td><td>在积极主动、虚心求教、自主学习、细致严谨上表现不佳</td></tr>
</table>

续表

项目		A	B	C	D	E
课堂表现	课堂参与	积极参与课堂活动，参与内容完成得很好	积极参与课堂活动，参与内容完成得好	积极参与课堂活动，参与内容完成得较好	能参与课堂活动，参与内容完成得一般	能参与课堂活动，参与内容完成得欠佳
	团队合作	具有很强的团队合作能力、能与老师和同学进行沟通交流	具有良好的团队合作能力、能与老师和同学进行沟通交流	具有较好的团队合作能力、尚能与老师和同学进行沟通交流	具有与团队进行合作的能力、与老师和同学进行沟通交流的能力一般	不具有与团队进行合作的能力、不能与老师和同学进行沟通交流
技能操作	“极坐标”命令的使用	能独立并熟练地完成	能独立并较熟练地完成	能在他人提示下顺利完成	能在他人帮助下完成	未能完成
	“色相/饱和度”命令的使用	能独立并熟练地完成	能独立并较熟练地完成	能在他人提示下顺利完成	能在他人帮助下完成	未能完成

实训 - 任务单

实训编号	**7- 任务 2（1）**	**实训名称**	**制作材质纹理**
实训内容	制作木质纹理		
实训目的	灵活使用滤镜命令和“曲线”命令制作木质纹理		
设备环境	台式计算机或笔记本电脑，建议使用 Windows 10 以上操作系统		
知识点	1．滤镜的组合使用 2．液化工具的使用	技能	掌握制作木质纹理的方法
所在班级		小组成员	
实训难度	中级	指导教师	
实施地点		实施日期	年　月　日
实施步骤	（1）新建一个图像文件 （2）填充前景色 （3）添加杂色滤镜 （4）添加动感模糊滤镜 （5）使用液化工具 （6）使用“曲线”命令调整不同的颜色		
参考案例	塑料泡泡字体效果		

（1）打开 Photoshop 窗口，选择“文件”→“新建”命令，在弹出的“新建文档”对话框中设置相应的参数，如图 7-24 所示，单击“创建”按钮，得到定制的画布。

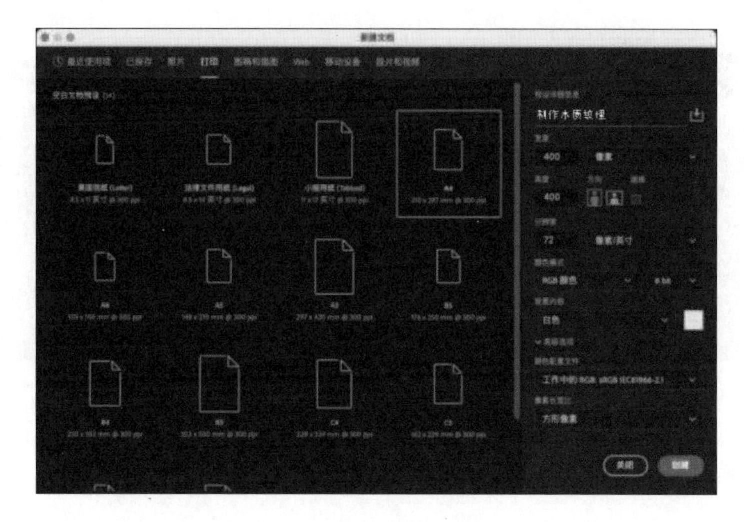

图 7-24　设置“新建文档”对话框中的参数

（2）设置前景色为 # 966818，按快捷键 Alt+Delete 给画布填充前景色，效果如图 7-25 所示。

图 7-25　给画布填充前景色后的效果

（3）选择“滤镜”→“杂色”→“添加杂色”命令，在弹出的“添加杂色”对话框中设置相应的参数，如图 7-26 所示，单击“确定”按钮，效果如图 7-27 所示。

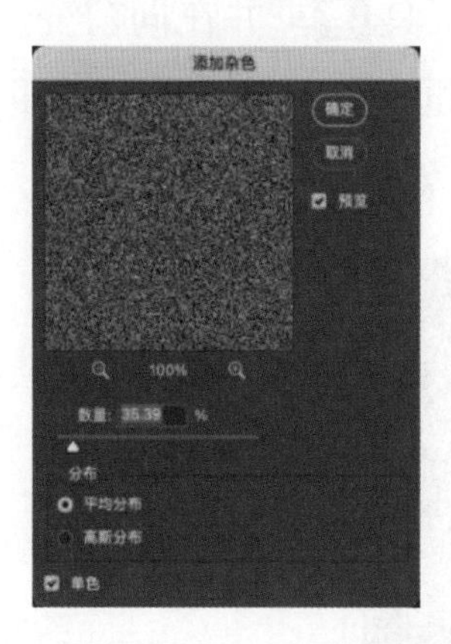

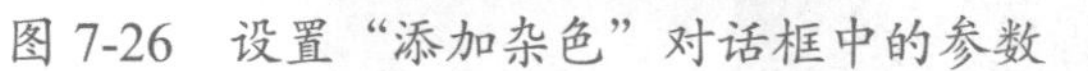

图 7-26　设置“添加杂色”对话框中的参数

图 7-27　添加杂色滤镜后的效果

（4）选择“滤镜”→“模糊”→“动感模糊”命令，在弹出的“动感模糊”对话框中设置相应的参数，如图 7-28 所示，单击“确定”按钮，效果如图 7-29 所示。

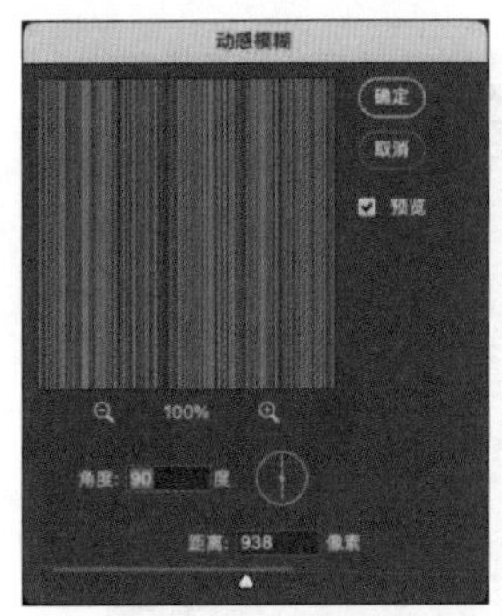

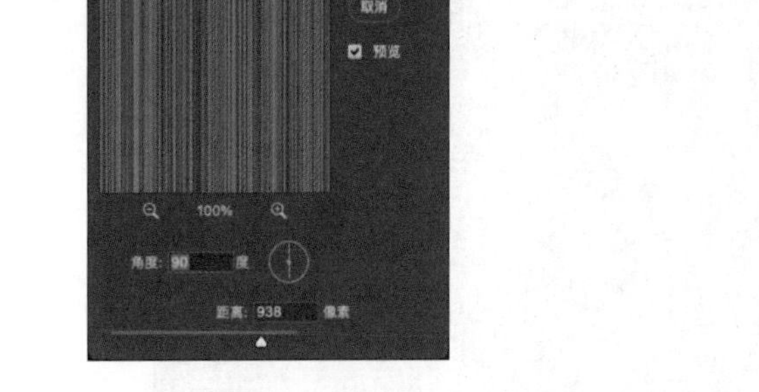

图 7-28　设置“动感模糊”对话框中的参数　　图 7-29　添加动感模糊滤镜后的效果

（5）选择“滤镜”→“液化”命令或按快捷键 Ctrl+Shift+X，弹出“液化”对话框，如图 7-30 所示。

图 7-30　“液化”对话框

（6）选择“液化”对话框工具箱中的向前变形工具，并在向前变形工具属性栏中设置画笔的大小为 100 像素，压力为 50，在“液化”对话框中的纹理上拖动，即可进行液化处理，效果如图 7-31 所示。

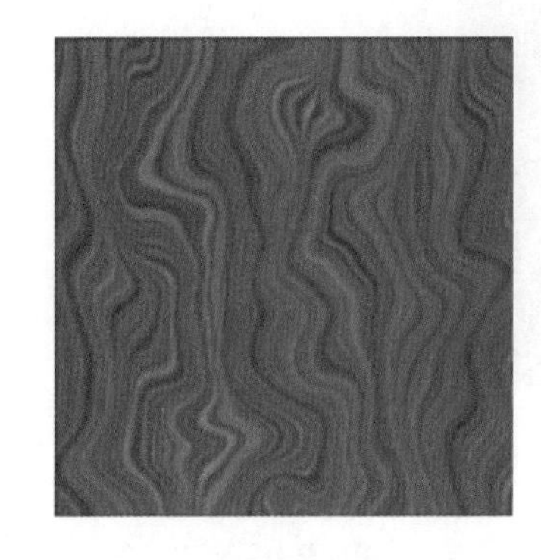

图 7-31　液化处理后的木质纹理效果

（7）选择工具箱中的工具，切换为多边形套索工具，在画布上选取如图 7-32 所示的范围。

图 7-32　使用多边形套索工具选取的范围（1）

（8）按快捷键 Ctrl+M，弹出“曲线”对话框，调整曲线的状态，如图 7-33 所示，单击“确定”按钮，效果如图 7-34 所示，按快捷键 Ctrl+D 取消选区。

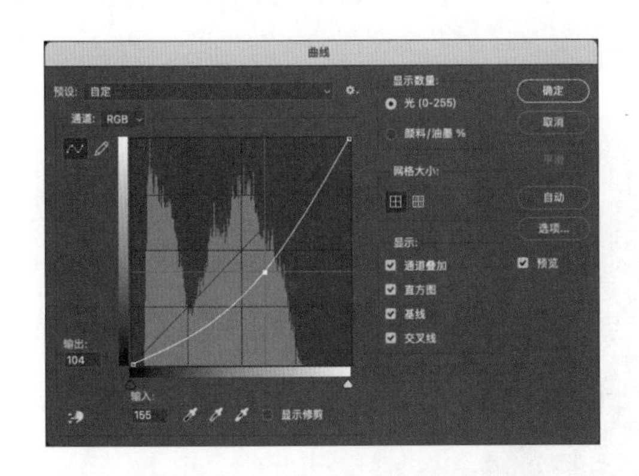

图 7-33　调整曲线的状态

图 7-34　调整曲线后的效果（1）

（9）继续使用工具箱中的工具再次选取如图 7-35 所示的范围，按照同样的方法处理，其效果如图 7-36 所示，按快捷键 Ctrl+D 取消选区。

图 7-35　使用多边形套索工具选取的范围（2）

图 7-36　调整曲线后的效果（2）

（10）选择工具箱中的工具，切换为直线工具，并在直线工具属性栏中设置描边颜色为 #b6945a、线的粗细为 2 像素，在图中纹理的接缝处绘制直线，作为木板接缝的高亮处，效果如图 7-37 所示。

图 7-37　绘制直线作为木板接缝高亮处的效果

（11）选择工具箱中的■工具，切换为直线工具，并在直线工具属性栏中设置描边颜色为 #261101、线的粗细为 2 像素，在图中纹理的接缝处绘制直线，作为木板接缝的阴暗处，效果如图 7-38 所示。这样就完成了木制纹理的绘制。

图 7-38　绘制直线作为木板接缝阴暗处的效果

实训 - 评价单

<table>
<tr><td>实训编号</td><td>7- 任务 2（1）</td><td>实训名称</td><td>制作材质纹理</td></tr>
<tr><td colspan="2">评价项目</td><td>自评</td><td>教师评价</td></tr>
<tr><td rowspan="3">课堂表现</td><td>学习态度（20 分）</td><td></td><td></td></tr>
<tr><td>课堂参与（10 分）</td><td></td><td></td></tr>
<tr><td>团队合作（10 分）</td><td></td><td></td></tr>
<tr><td rowspan="2">技能操作</td><td>滤镜的组合使用（30 分）</td><td></td><td></td></tr>
<tr><td>液化工具的使用（30 分）</td><td></td><td></td></tr>
<tr><td>评价时间</td><td>年　月　日</td><td>教师签字</td><td></td></tr>
<tr><td colspan="4">评价等级划分</td></tr>
</table>

续表

项目		A	B	C	D	E
课堂表现	学习态度	在积极主动、虚心求教、自主学习、细致严谨上表现优秀	在积极主动、虚心求教、自主学习、细致严谨上表现良好	在积极主动、虚心求教、自主学习、细致严谨上表现较好	在积极主动、虚心求教、自主学习、细致严谨上表现尚可	在积极主动、虚心求教、自主学习、细致严谨上表现不佳
	课堂参与	积极参与课堂活动，参与内容完成得很好	积极参与课堂活动，参与内容完成得好	积极参与课堂活动，参与内容完成得较好	能参与课堂活动，参与内容完成得一般	能参与课堂活动，参与内容完成得欠佳
	团队合作	具有很强的团队合作能力、能与老师和同学进行沟通交流	具有良好的团队合作能力、能与老师和同学进行沟通交流	具有较好的团队合作能力、尚能与老师和同学进行沟通交流	具有与团队进行合作的能力、与老师和同学进行沟通交流的能力一般	不具有与团队进行合作的能力、不能与老师和同学进行沟通交流
技能操作	滤镜的组合使用	能独立并熟练地完成	能独立并较熟练地完成	能在他人提示下顺利完成	能在他人帮助下完成	未能完成
	液化工具的使用	能独立并熟练地完成	能独立并较熟练地完成	能在他人提示下顺利完成	能在他人帮助下完成	未能完成

实训 - 任务单

实训编号	**7- 任务 2（2）**	**实训名称**	**制作材质纹理**
实训内容	制作粗亚麻布纹理		
实训目的	灵活使用各种滤镜命令制作粗亚麻布纹理		
设备环境	台式计算机或笔记本电脑，建议使用 Windows 10 以上操作系统		
知识点	1.“彩色半调”命令的使用 2.“扩散”命令的使用	技能	掌握制作粗亚麻布纹理的方法
所在班级		小组成员	
实训难度	中级	指导教师	
实施地点		实施日期	年　月　日
实施步骤	（1）新建一个图像文件 （2）填充背景色 （3）添加彩色半调滤镜 （4）添加扩散滤镜		
参考案例	塑料泡泡字体效果		

（1）打开 Photoshop 窗口，选择“文件”→“新建”命令，在弹出的“新建文档”对话框中设置相应的参数，如图 7-39 所示，单击“创建”按钮，得到定制的画布。

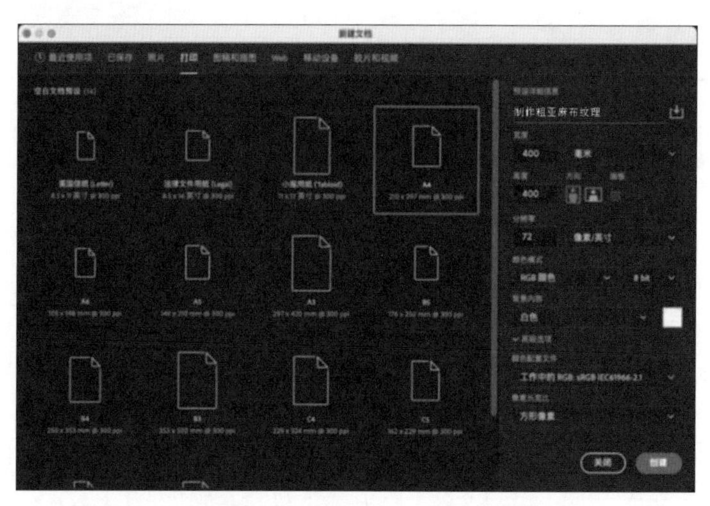

图 7-39　设置“新建文档”对话框中的参数

(2)设置前景色为# b7a885，按快捷键Alt+Delete给画布填充前景色，效果如图7-40所示。

图 7-40　给画布填充前景色后的效果

（3）选择“滤镜”→“像素化”→“彩色半调”命令，在弹出的“彩色半调”对话框中设置相应的参数，如图 7-41 所示，单击“确定”按钮，如图效果 7-42 所示。

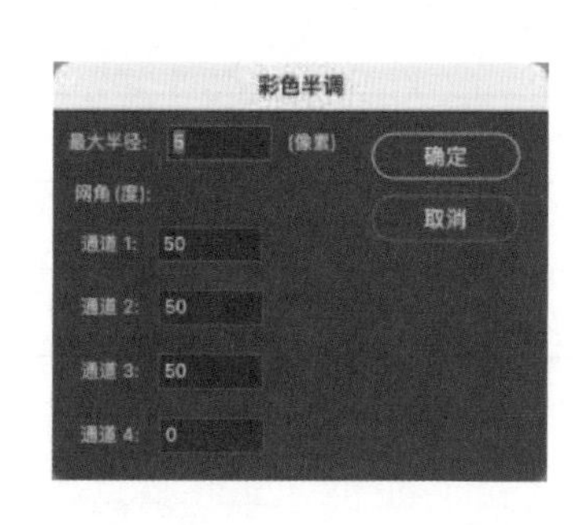

图 7-41　设置“彩色半调”对话框中的参数　　图 7-42　添加彩色半调滤镜后的效果

（4）选择“滤镜”→“风格化”→“扩散”命令，在弹出的“扩散”对话框中设置相应的参数，如图 7-43 所示，单击“确定”按钮，效果如图 7-44 所示。

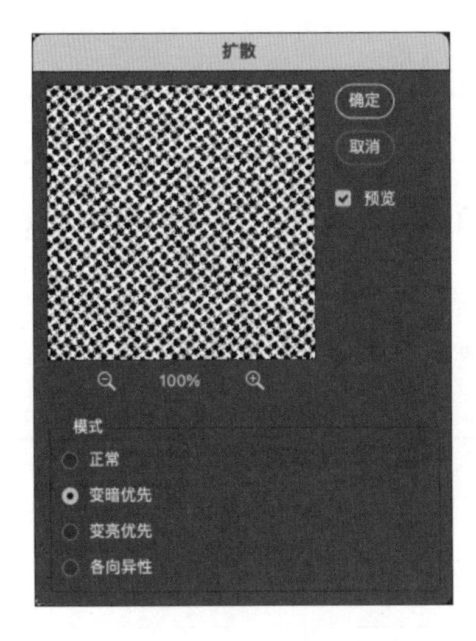

图 7-43　设置“扩散”对话框中的参数

图 7-44　添加扩散滤镜后的效果

实训 - 评价单

<table>
<tr><td colspan="2">实训编号</td><td colspan="2">7- 任务 2（2）</td><td>实训名称</td><td colspan="2">制作材质纹理</td></tr>
<tr><td colspan="4">评价项目</td><td>自评</td><td colspan="2">教师评价</td></tr>
<tr><td colspan="2" rowspan="3">课堂表现</td><td colspan="2">学习态度（20 分）</td><td></td><td colspan="2"></td></tr>
<tr><td colspan="2">课堂参与（10 分）</td><td></td><td colspan="2"></td></tr>
<tr><td colspan="2">团队合作（10 分）</td><td></td><td colspan="2"></td></tr>
<tr><td colspan="2" rowspan="2">技能操作</td><td colspan="2">“彩色半调”命令的使用（30 分）</td><td></td><td colspan="2"></td></tr>
<tr><td colspan="2">“扩散”命令的使用（30 分）</td><td></td><td colspan="2"></td></tr>
<tr><td colspan="2">评价时间</td><td colspan="2">年　月　日</td><td>教师签字</td><td colspan="2"></td></tr>
<tr><td colspan="7">评价等级划分</td></tr>
<tr><td colspan="2">项目</td><td>A</td><td>B</td><td>C</td><td>D</td><td>E</td></tr>
<tr><td rowspan="3">课堂表现</td><td>学习态度</td><td>在积极主动、虚心求教、自主学习、细致严谨上表现优秀</td><td>在积极主动、虚心求教、自主学习、细致严谨上表现良好</td><td>在积极主动、虚心求教、自主学习、细致严谨上表现较好</td><td>在积极主动、虚心求教、自主学习、细致严谨上表现尚可</td><td>在积极主动、虚心求教、自主学习、细致严谨上表现不佳</td></tr>
<tr><td>课堂参与</td><td>积极参与课堂活动，参与内容完成得很好</td><td>积极参与课堂活动，参与内容完成得好</td><td>积极参与课堂活动，参与内容完成得较好</td><td>能参与课堂活动，参与内容完成得一般</td><td>能参与课堂活动，参与内容完成得欠佳</td></tr>
<tr><td>团队合作</td><td>具有很强的团队合作能力、能与老师和同学进行沟通交流</td><td>具有良好的团队合作能力、能与老师和同学进行沟通交流</td><td>具有较好的团队合作能力、尚能与老师和同学进行沟通交流</td><td>具有与团队进行合作的能力、与老师和同学进行沟通交流的能力一般</td><td>不具有与团队进行合作的能力、不能与老师和同学进行沟通交流</td></tr>
</table>

续表

项目		A	B	C	D	E
技能操作	“彩色半调”命令的使用	能独立并熟练地完成	能独立并较熟练地完成	能在他人提示下顺利完成	能在他人帮助下完成	未能完成
	“扩散”命令的使用	能独立并熟练地完成	能独立并较熟练地完成	能在他人提示下顺利完成	能在他人帮助下完成	未能完成

实训 - 任务单

实训编号	7- 任务 3（1）	实训名称	制作特效
实训内容	制作极光效果		
实训目的	通过切变滤镜、波浪滤镜和画笔工具来实现极光效果。在制作极光时，可以多做几次波浪滤镜，展示不同次数滤镜的叠加所产生的效果		
设备环境	台式计算机或笔记本电脑，建议使用 Windows 10 以上操作系统		
知识点	1．滤镜的组合使用 2．渐变工具的使用	技能	掌握制作极光效果的方法
所在班级		小组成员	
实训难度	中级	指导教师	
实施地点		实施日期	年　月　日
实施步骤	（1）新建一个图像文件 （2）填充前景色与背景色 （3）绘制一条白线 （4）添加切变滤镜 （5）多次添加波浪滤镜 （6）添加透明彩虹渐变 （7）添加色相 / 饱和度		
参考案例	塑料泡泡字体效果		

（1）打开 Photoshop 窗口，选择“文件”→“新建”命令，在弹出的“新建文档”对话框中设置相应的参数，如图 7-45 所示，单击“创建”按钮，得到定制的画布。

（2）按 D 键将前景色设置为黑色，背景色设置为白色，按快捷键 Alt+Delete 给画布填充前景色。单击“图层”面板中的 ⊞ 按钮，新建图层，选择工具箱中的画笔工具 ，在画布上右击，在弹出的面板中设置画笔大小为 20 像素，按住 Shift 键在画布上绘制直线，如图 7-46 所示。

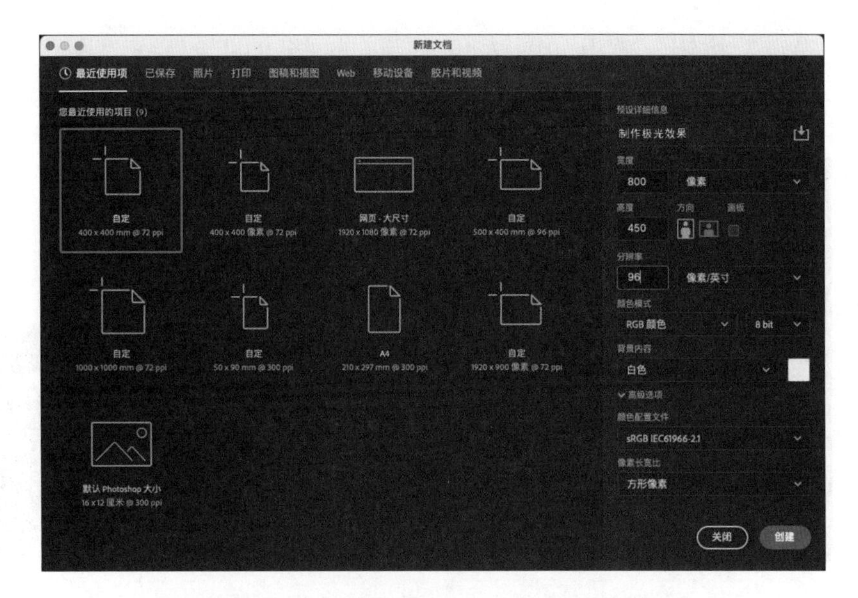

图 7-45　设置“新建文档”对话框中的参数

图 7-46　使用画笔工具绘制直线

（3）选择“图像”→“图像旋转”→“90 度（顺时针）”命令，将画布顺时针旋转 90 度，效果如图 7-47 所示。选择“滤镜”→“扭曲”→“切变”命令，在弹出的“切变”对话框中编辑切变线的状态，如图 7-48 所示。

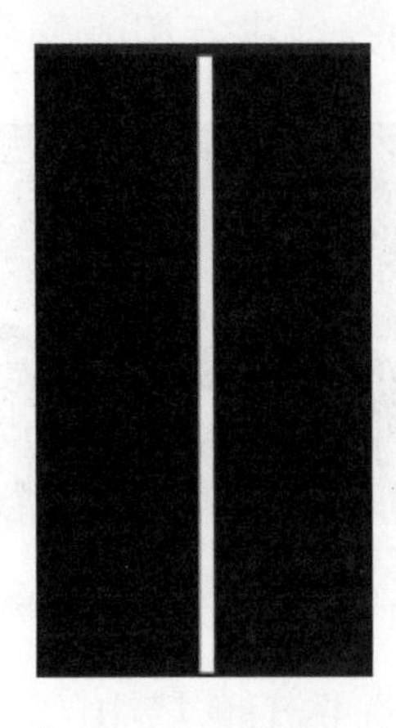

图 7-47　将画布顺时针旋转 90 度后的效果

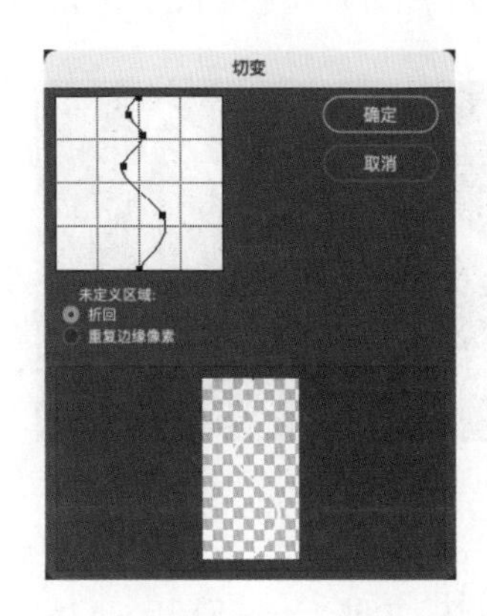

图 7-48　编辑切变线的状态

（4）单击“确定”按钮，效果如图 7-49 所示。选择“图像”→“图像旋转”→“90 度（逆时针）”命令，将画布逆时针旋转 90 度，效果如图 7-50 所示。

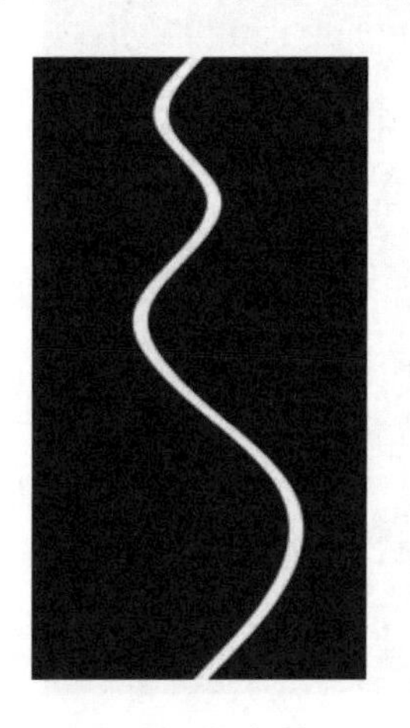

图 7-49　添加切变滤镜后的效果

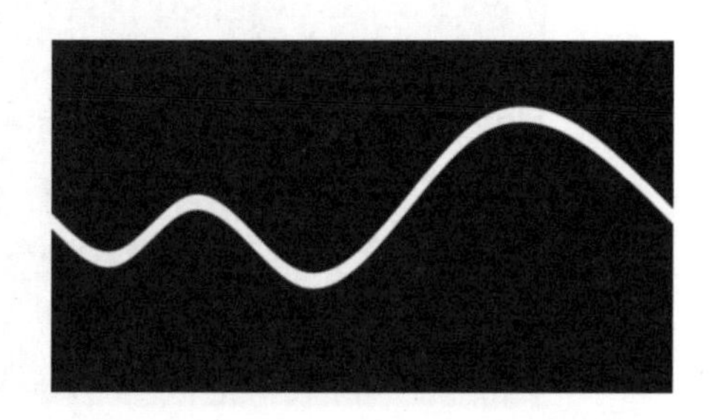

图 7-50　将画布逆时针旋转 90 度后的效果

（5）选择“滤镜”→“扭曲”→“波浪”滤镜，在弹出的“波浪”对话框中单击两次“随机变化”按钮，单击“确定”按钮，效果如图 7-51 所示。按快捷键 Ctrl+J 复制“图层 1 拷贝”图层，按快捷键 Alt+Ctrl+F 对“图层 1 拷贝”图层重做波浪滤镜，效果如图 7-52 所示。

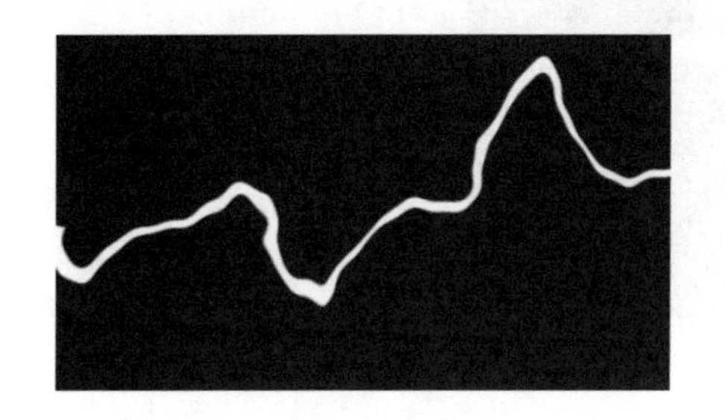

图 7-51　添加波浪滤镜后的效果

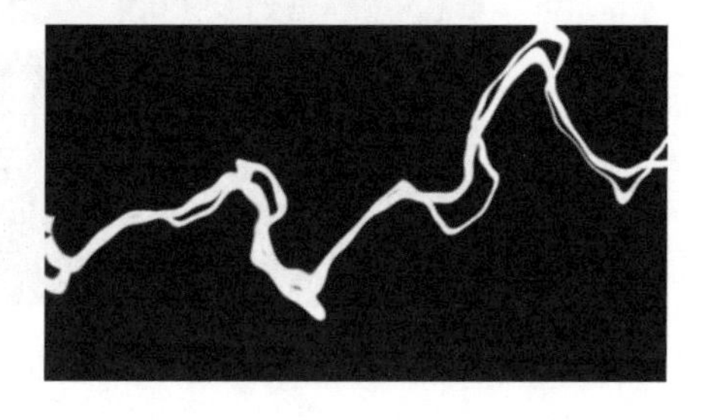

图 7-52　对“图层 1 拷贝”图层重做波浪滤镜后的效果

（6）设置“图层 1 拷贝”图层的不透明度为 58%，效果如图 7-53 所示。按快捷键 Ctrl+J 复制“图层 1 拷贝 2”图层，按快捷键 Alt+Ctrl+F 对“图层 1 拷贝 2”图层重做波浪滤镜，效果如图 7-54 所示。现在图像已有了极光的效果。下面继续进行极光的装饰。

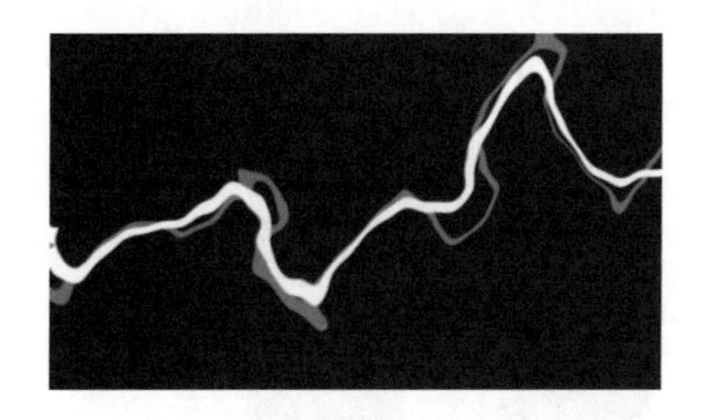

图 7-53　设置不透明度后的效果

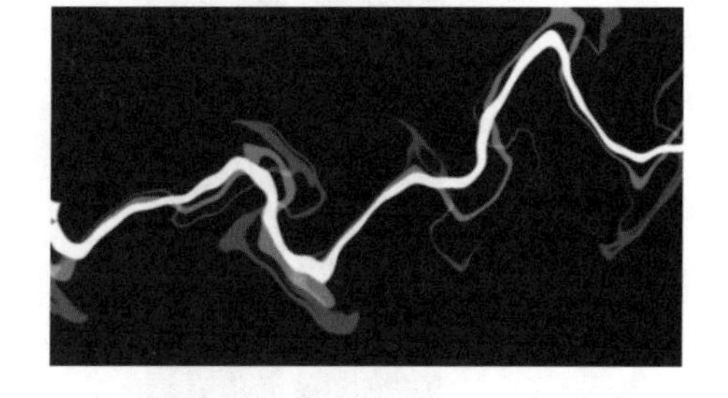

图 7-54　对“图层 1 拷贝 2”图层重做波浪滤镜后的效果

（7）按快捷键 Ctrl+Shift+Alt+N，新建一个图层，选择工具箱中的画笔工具，在画布上为极光添加一些大小不一的圆点，效果如图 7-55 所示。

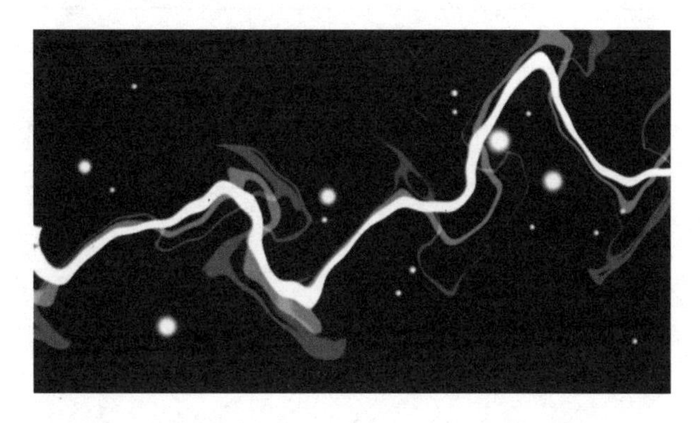

图 7-55　使用画笔工具为极光添加圆点后的效果

（8）按快捷键 Ctrl+Shift+Alt+N，新建一个图层，选择工具箱中的渐变工具，在渐变工具的属性栏中单击“点按可编辑渐变”按钮，在弹出的“渐变编辑器”对话框中选择彩虹，单击“确定”按钮，返回渐变工具的属性栏，单击“径向渐变”按钮，给画布填充透明彩虹渐变。在“图层”面板中设置渐变填充图层的混合模式为“叠加”，效果如图 7-56 所示。

图 7-56　添加透明彩虹渐变与叠加模式后的效果

（9）选中渐变填充图层，按快捷键 Ctrl+U，弹出“色相 / 饱和度”对话框，设置相应的参数，如图 7-57 所示，单击“确定”按钮，效果如图 7-58 所示。

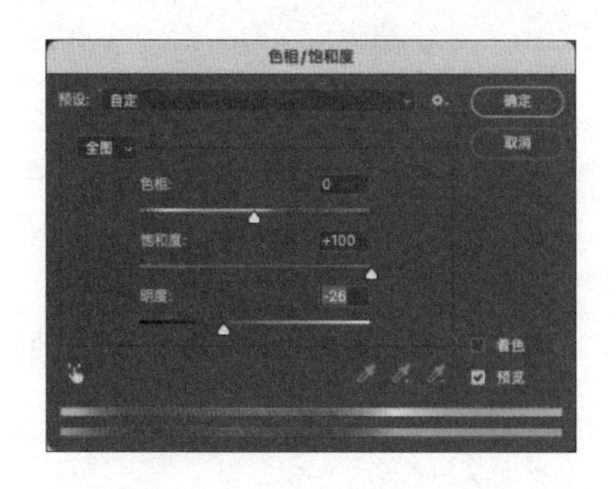

图 7-57　设置“色相 / 饱和度”对话框中的参数

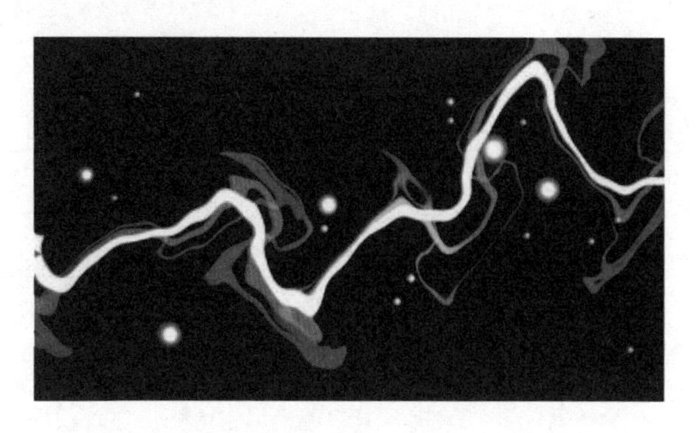

图 7-58　添加色相 / 饱和度后的效果

实训 - 评价单

实训编号	7- 任务 3（1）	实训名称	制作特效
评价项目		自评	教师评价
课堂表现	学习态度（20 分）		
	课堂参与（10 分）		
	团队合作（10 分）		
技能操作	滤镜的组合使用（30 分）		
	渐变工具的使用（30 分）		
评价时间	年　月　日	教师签字	

评价等级划分						
项目		A	B	C	D	E
课堂表现	学习态度	在积极主动、虚心求教、自主学习、细致严谨上表现优秀	在积极主动、虚心求教、自主学习、细致严谨上表现良好	在积极主动、虚心求教、自主学习、细致严谨上表现较好	在积极主动、虚心求教、自主学习、细致严谨上表现尚可	在积极主动、虚心求教、自主学习、细致严谨上表现不佳
	课堂参与	积极参与课堂活动，参与内容完成得很好	积极参与课堂活动，参与内容完成得好	积极参与课堂活动，参与内容完成得较好	能参与课堂活动，参与内容完成得一般	能参与课堂活动，参与内容完成得欠佳
	团队合作	具有很强的团队合作能力、能与老师和同学进行沟通交流	具有良好的团队合作能力、能与老师和同学进行沟通交流	具有较好的团队合作能力、尚能与老师和同学进行沟通交流	具有与团队进行合作的能力、与老师和同学进行沟通交流的能力一般	不具有与团队进行合作的能力、不能与老师和同学进行沟通交流
技能操作	滤镜的组合使用	能独立并熟练地完成	能独立并较熟练地完成	能在他人提示下顺利完成	能在他人帮助下完成	未能完成
	渐变工具的使用	能独立并熟练地完成	能独立并较熟练地完成	能在他人提示下顺利完成	能在他人帮助下完成	未能完成

实训 - 任务单

实训编号	7- 任务 3（2）	实训名称	制作特效
实训内容	制作铜版雕刻效果		
实训目的	通过图案的制作和波浪滤镜的叠加来实现铜版雕刻效果。制作完之后，可以替换不同的素材，体验不同素材的铜版雕刻效果		
设备环境	台式计算机或笔记本电脑，建议使用 Windows 10 以上操作系统		

续表

实训编号	7- 任务 3（2）	实训名称	制作特效
知识点	1．图案的制作 2．渐变映射的使用	技能	掌握制作铜版雕刻效果的方法
所在班级		小组成员	
实训难度	中级	指导教师	
实施地点		实施日期	年　月　日
实施步骤	（1）新建一个图像文件 （2）制作图案 （3）新建一个图像文件 （4）添加波浪滤镜 （5）导入素材，并进行去色处理 （6）添加渐变映射		
参考案例	弥散文字模糊效果		

铜版雕刻效果主要是通过图案的制作和波浪滤镜的叠加来实现的。制作完成后，可替换不同的素材，体验不同素材的铜版雕刻效果。

（1）打开 Photoshop 窗口，选择“文件”→“新建”命令，在弹出的“新建文档”对话框中设置相应的参数，如图 7-59 所示，单击“创建”按钮，得到定制的画布。

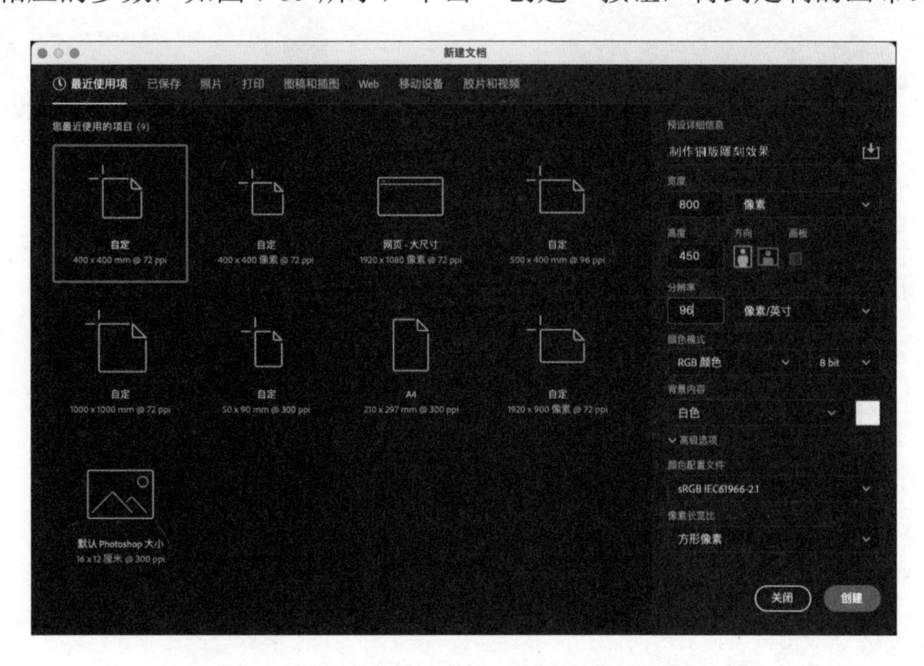

图 7-59　设置“新建文档”对话框中的参数（1）

（2）选择工具箱中的工具，选取画布一半的区域，按 D 键将前景色设置为黑色，按快捷键 Alt+Delete 给选区填充前景色，效果如图 7-60 所示。

图 7-60　使用前景色填充选区

（3）选择“滤镜”→“模糊”→“方框模糊”命令，在弹出的“方框模糊”对话框中设置相应的参数，如图 7-61 所示，单击“确定”按钮，效果如图 7-62 所示。

图 7-61　设置“方框模糊”对话框中的参数

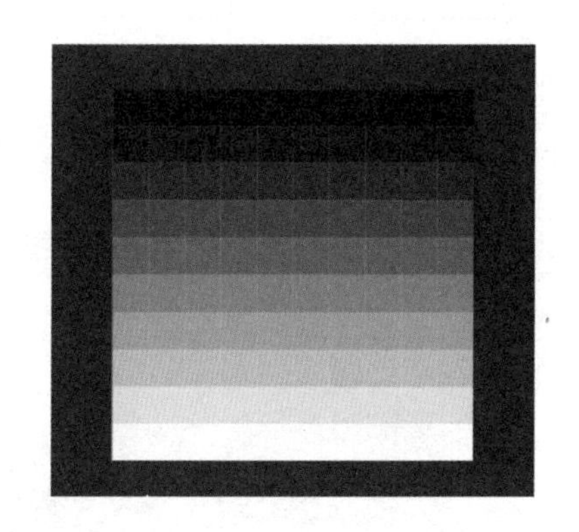

图 7-62　添加方框模糊滤镜后的效果

（4）选择“编辑”→“定义图案”命令，弹出“图案名称”对话框，在“名称”文本框中输入“图案 1”，单击“确定”按钮，如图 7-63 所示。

图 7-63　单击“确定”按钮

（5）按快捷键 Ctrl+N，在弹出的“新建文档”对话框中设置相应的参数，如图 7-64 所示，单击“创建”按钮，新建一个 100 厘米×100 厘米的画布。

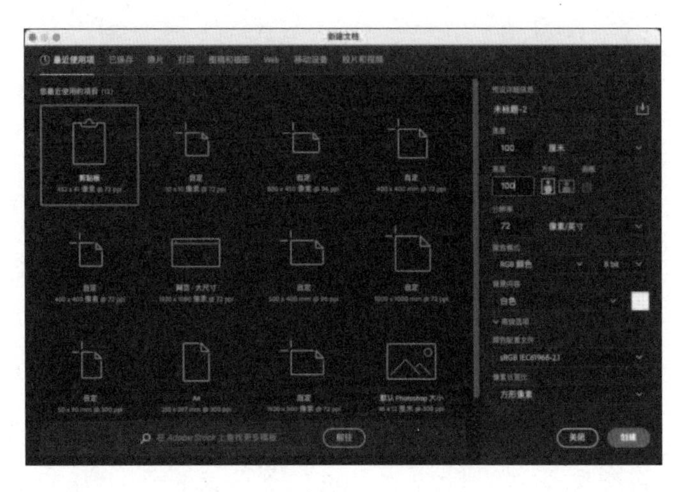

图 7-64　设置“新建文档”对话框中的参数（2）

（6）选择“编辑”→“填充”命令，在弹出的“填充”对话框中选择刚才保存的图案 1，如图 7-65 所示，单击“确定”按钮，效果如图 7-66 所示。

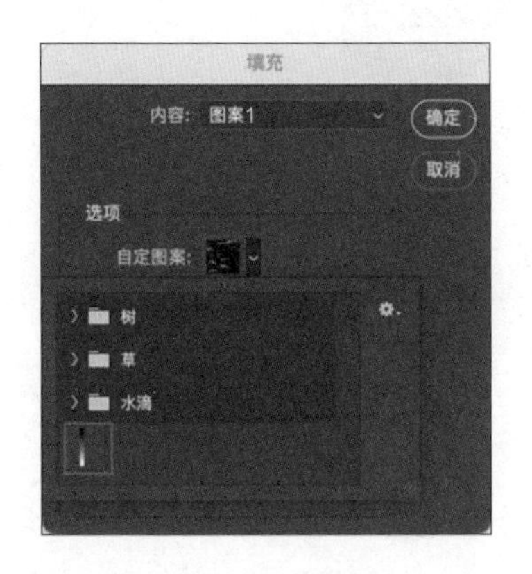

图 7-65　选择“图案 1”选项

图 7-66　添加填充图案后的效果

（7）选择“滤镜”→“扭曲”→“波浪”命令，在弹出的“波浪”对话框中设置相应的参数，如图 7-67 所示，单击“确定”按钮，效果如图 7-68 所示。

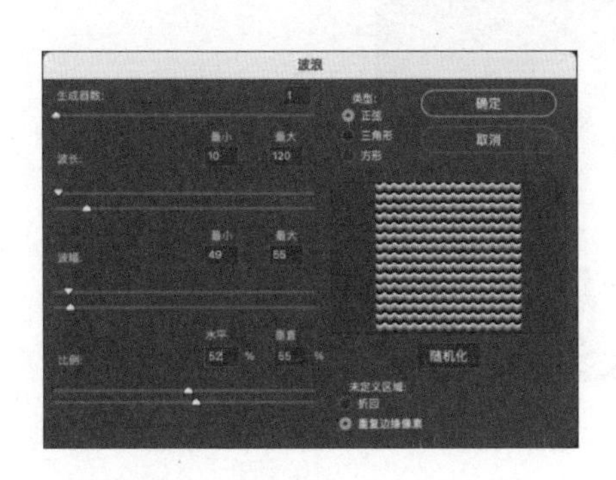

图 7-67　设置“波浪”对话框中的参数

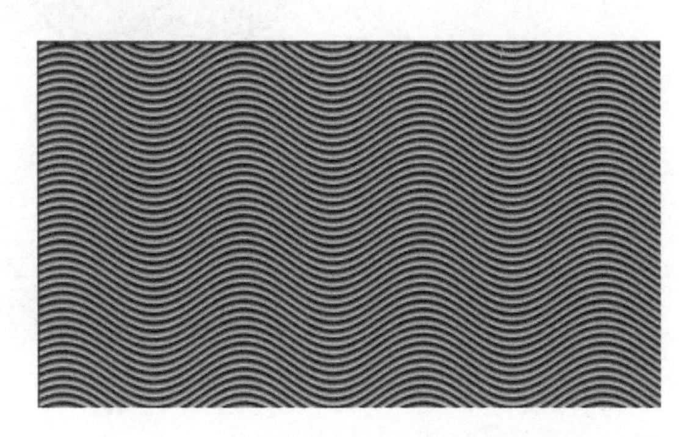

图 7-68　添加波浪滤镜后的效果

（8）按快捷键 Ctrl+J 复制图层，按快捷键 Ctrl+T 控制图层旋转 90 度，将复制的图层混合模式设置为“柔光”，效果如图 7-69 所示。

图 7-69　设置为“柔光”模式后的效果

（9）同时选中两个图层，按快捷键 Ctrl+E 合并图层。按快捷键 Ctrl+O 打开素材文件“柠檬水 .jpg”，将合并后的图层拖入“柠檬水 .jpg”图像文件中，并命名为“柠檬水”图层，将图层混合模式设置为“实色混合”，效果如图 7-70 所示。

图 7-70　设置为“实色混合”模式后的效果

（10）选中“柠檬水”图层，单击“图层”面板中的 下拉按钮，在弹出的下拉列表中选择“黑白”选项，在其上方创建“黑白”调整图层，将素材进行去色处理，效果如图 7-71 所示。

图 7-71　添加“黑白”调整图层后的效果

（11）单击“图层”面板中的 下拉按钮，在弹出的下拉列表中选择“渐变映射”选项，在其上方创建“渐变映射”调整图层，在“属性”面板中选择自己喜欢的渐变预设，如图 7-72 所示，铜版雕刻效果如图 7-73 所示。

图 7-72　选择渐变预设

图 7-73　铜版雕刻效果

实训 - 评价单

<table>
<tr><td colspan="2">实训编号</td><td colspan="3">7- 任务 3（2）</td><td>实训名称</td><td colspan="2">制作特效</td></tr>
<tr><td colspan="5">评价项目</td><td>自评</td><td colspan="2">教师评价</td></tr>
<tr><td colspan="2" rowspan="3">课堂表现</td><td colspan="3">学习态度（20 分）</td><td></td><td colspan="2"></td></tr>
<tr><td colspan="3">课堂参与（10 分）</td><td></td><td colspan="2"></td></tr>
<tr><td colspan="3">团队合作（10 分）</td><td></td><td colspan="2"></td></tr>
<tr><td colspan="2" rowspan="2">技能操作</td><td colspan="3">图案的制作（30 分）</td><td></td><td colspan="2"></td></tr>
<tr><td colspan="3">渐变映射的使用（30 分）</td><td></td><td colspan="2"></td></tr>
<tr><td colspan="2">评价时间</td><td colspan="3">年　月　日</td><td>教师签字</td><td colspan="2"></td></tr>
<tr><td colspan="8">评价等级划分</td></tr>
<tr><td colspan="2">项目</td><td>A</td><td>B</td><td colspan="2">C</td><td>D</td><td>E</td></tr>
<tr><td rowspan="3">课堂表现</td><td>学习态度</td><td>在积极主动、虚心求教、自主学习、细致严谨上表现优秀</td><td>在积极主动、虚心求教、自主学习、细致严谨上表现良好</td><td colspan="2">在积极主动、虚心求教、自主学习、细致严谨上表现较好</td><td>在积极主动、虚心求教、自主学习、细致严谨上表现尚可</td><td>在积极主动、虚心求教、自主学习、细致严谨上表现不佳</td></tr>
<tr><td>课堂参与</td><td>积极参与课堂活动，参与内容完成得很好</td><td>积极参与课堂活动，参与内容完成得好</td><td colspan="2">积极参与课堂活动，参与内容完成得较好</td><td>能参与课堂活动，参与内容完成得一般</td><td>能参与课堂活动，参与内容完成得欠佳</td></tr>
<tr><td>团队合作</td><td>具有很强的团队合作能力、能与老师和同学进行沟通交流</td><td>具有良好的团队合作能力、能与老师和同学进行沟通交流</td><td colspan="2">具有较好的团队合作能力、尚能与老师和同学进行沟通交流</td><td>具有与团队进行合作的能力、与老师和同学进行沟通交流的能力一般</td><td>不具有与团队进行合作的能力、不能与老师和同学进行沟通交流</td></tr>
</table>

续表

项目		A	B	C	D	E
技能操作	图案的制作	能独立并熟练地完成	能独立并较熟练地完成	能在他人提示下顺利完成	能在他人帮助下完成	未能完成
	渐变映射的使用	能独立并熟练地完成	能独立并较熟练地完成	能在他人提示下顺利完成	能在他人帮助下完成	未能完成

实训 - 任务单

实训编号	**7- 任务 4（1）**	**实训名称**	**绘画艺术**
实训内容	绘制半块透明冰块		
实训目的	通过通道和图层的叠加模式来制作冰块半透明、晶莹的质感		
设备环境	台式计算机或笔记本电脑，建议使用 Windows 10 以上操作系统		
知识点	1. 通道的使用 2. 滤镜的组合使用	技能	掌握绘制半透明冰块的方法
所在班级		小组成员	
实训难度	中级	指导教师	
实施地点		实施日期	年　月　日
实施步骤	（1）新建一个图像文件 （2）填充线性渐变颜色 （3）在通道中新建图层，并绘制路径 （4）添加云彩滤镜 （5）添加铬黄渐变滤镜 （6）在通道中建立选区，填充为白色		
参考案例	故障风文字效果		

我们所看到的冰块很多都是实心的、不透明的。其实冰块是一种微透明体。本案例使用通道来制作冰块半透明、晶莹的质感。但是，也可以直接利用图层的叠加模式来实现。

（1）打开 Photoshop 窗口，选择“文件”→“新建”命令，在弹出的“新建文档”对话框中设置相应的参数，如图 7-74 所示，单击“创建”按钮，得到定制的画布。

（2）设置前景色为 #afe4f8，背景色为 #121b5c，选择工具箱中的渐变工具，单击属性栏中的“线性渐变”按钮，在画布上从上到下拖动鼠标指针，给画布填充线性渐变颜色后的效果如图 7-75 所示。

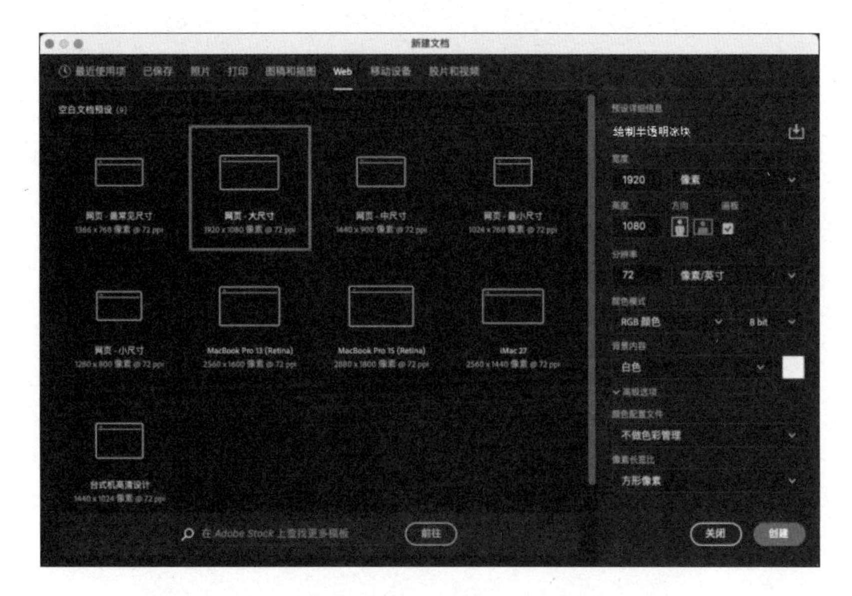

图 7-74　设置“新建文档”对话框中的参数

图 7-75　给画布填充渐变颜色后的效果

（3）选择“通道”面板中的“通道”选项卡，切换到通道编辑状态。单击“通道”面板中的“创建新通道”按钮，创建 Alpha1 通道，如图 7-76 所示。选择工具箱中的钢笔工具，在画布中绘制如图 7-77 所示的路径。

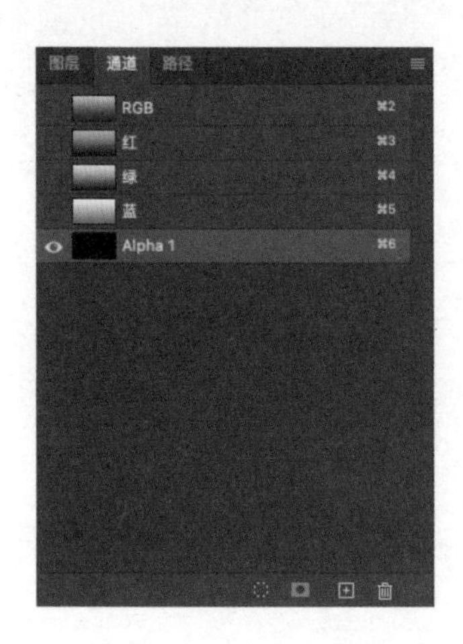

图 7-76　创建 Alpha1 通道

图 7-77　绘制路径

（4）按快捷键 Ctrl+Enter 将路径转换为选区，选择“滤镜”→“渲染”→“云彩”命令，效果如图 7-78 所示。注意，生成云彩的色泽变化最好比较均匀，不宜对比太强，如果生成的云彩效果不是很理想，则可以按快捷键 Ctrl+Alt+F 重复执行“云彩”命令，直到效果合适为止。

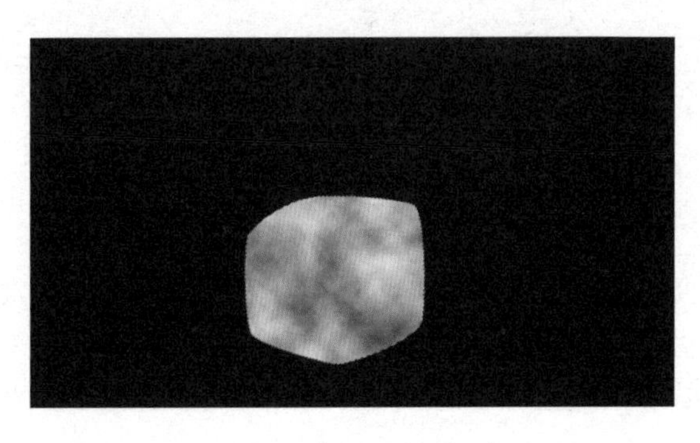

图 7-78　给选区填充云彩滤镜后的效果

（5）选择工具箱中的减淡工具，在属性栏中设置画笔大小为 20 像素，减淡涂抹画布中的云彩，如图 7-79 所示。在涂抹时，可以单击一点后，按住 Shift 键再单击另一点，这样就可以减淡两点之间的图像。

图 7-79　使用减淡工具涂抹云彩后的效果

（6）选择“滤镜”→“滤镜库”命令，弹出滤镜库对话框，在“素描”滤镜组中选择“铬黄渐变”滤镜，设置相应的参数，如图 7-80 所示，单击“确定”按钮。

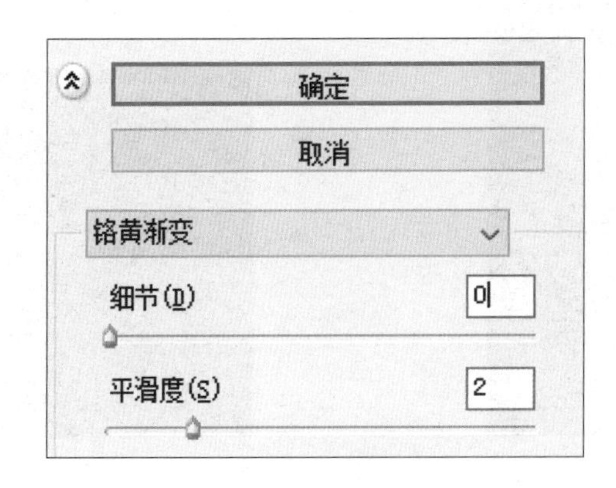

图 7-80　设置“铬黄渐变”滤镜的参数

（7）此时得到的冰块颜色对比较灰，可以按快捷键 Ctrl+L，在弹出的“色阶”对话框中进行色阶调整，如图 7-81 所示，调整完之后，单击“确定”按钮，效果如图 7-82 所示。

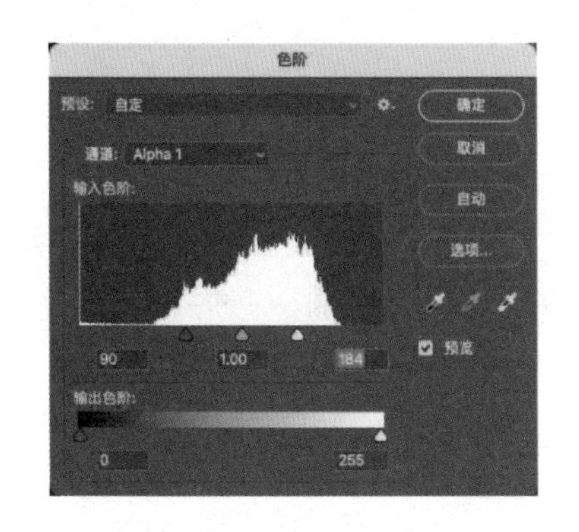

图 7-81　“色阶”对话框

图 7-82　调整色阶后的冰块效果

（8）按住 Ctrl 键，单击“通道”面板中的 Alpha1 通道，将 Alpha1 通道中的白色载入为选区。选择“图层”面板中的“图层”选项卡，切换到图层编辑状态，按快捷键 Ctrl+Shift+Alt+N，新建一个图层，设置前景色为 #f1fbff，按快捷键 Alt+Delete 给选区填充前景色，效果如图 7-83 所示。

图 7-83　给选区填充前景色后的效果

（9）按快捷键 Ctrl+Alt 复制冰块图像并分别调整其大小和位置，即可得到具有良好质感的冰块效果，如图 7-84 所示。

图 7-84　具有良好质感的冰块效果

实训 - 评价单

实训编号	7- 任务 4（1）	实训名称	绘画艺术
评价项目		自评	教师评价
课堂表现	学习态度（20 分）		
	课堂参与（10 分）		
	团队合作（10 分）		
技能操作	通道的使用（30 分）		
	滤镜的组合使用（30 分）		
评价时间	年　月　日	教师签字	

评价等级划分						
项目		A	B	C	D	E
课堂表现	学习态度	在积极主动、虚心求教、自主学习、细致严谨上表现优秀	在积极主动、虚心求教、自主学习、细致严谨上表现良好	在积极主动、虚心求教、自主学习、细致严谨上表现较好	在积极主动、虚心求教、自主学习、细致严谨上表现尚可	在积极主动、虚心求教、自主学习、细致严谨上表现不佳
	课堂参与	积极参与课堂活动，参与内容完成得很好	积极参与课堂活动，参与内容完成得好	积极参与课堂活动，参与内容完成得较好	能参与课堂活动，参与内容完成得一般	能参与课堂活动，参与内容完成得欠佳
	团队合作	具有很强的团队合作能力、能与老师和同学进行沟通交流	具有良好的团队合作能力、能与老师和同学进行沟通交流	具有较好的团队合作能力、尚能与老师和同学进行沟通交流	具有与团队进行合作的能力、与老师和同学进行沟通交流的能力一般	不具有与团队进行合作的能力、不能与老师和同学进行沟通交流
技能操作	通道的使用	能独立并熟练地完成	能独立并较熟练地完成	能在他人提示下顺利完成	能在他人帮助下完成	未能完成
	滤镜的组合使用	能独立并熟练地完成	能独立并较熟练地完成	能在他人提示下顺利完成	能在他人帮助下完成	未能完成

实训 - 任务单

实训编号	7- 任务 4（2）	实训名称	绘画艺术
实训内容	绘制橙子		
实训目的	通过各种工具组合和“图层”面板绘制橙子		
设备环境	台式计算机或笔记本电脑，建议使用 Windows 10 以上操作系统		
知识点	1. 玻璃滤镜的使用 2. 加深工具、减淡工具的使用	技能	掌握绘制橙子的方法

续表

实训编号	7- 任务 4（2）	实训名称	绘画艺术
所在班级		小组成员	
实训难度	中级	指导教师	
实施地点		实施日期	年　月　日
实施步骤	（1）新建一个图像文件 （2）绘制椭圆选区，并填充径向渐变颜色 （3）添加玻璃滤镜 （4）绘制橙蒂 （5）通过加深工具、减淡工具制造橙蒂的立体感 （6）绘制橙叶 （7）通过渐变工具、加深工具、减淡工具制造橙叶的立体感		
参考案例	故障风文字效果		

（1）打开 Photoshop 窗口，选择“文件”→“新建”命令，在弹出的“新建文档”对话框中设置相应的参数，如图 7-85 所示，单击“创建”按钮，得到定制的画布。

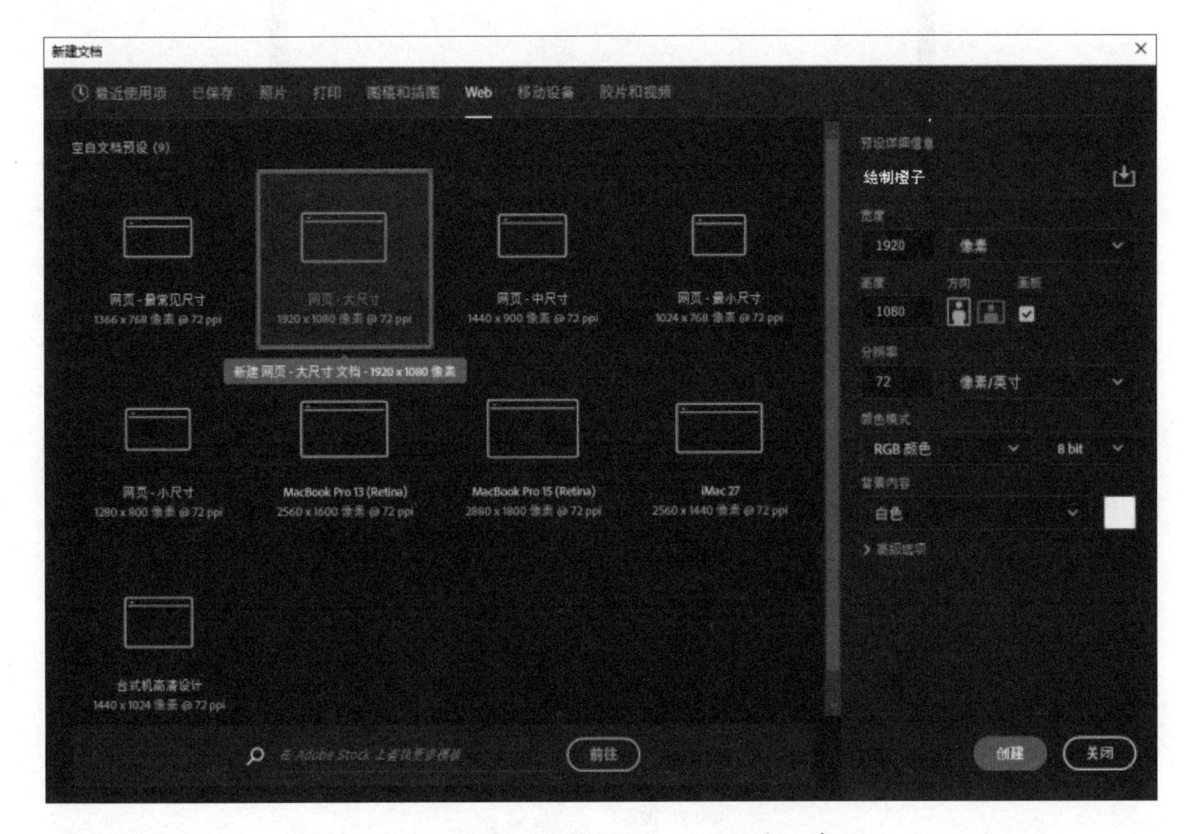

图 7-85　设置“新建文档”对话框中的参数

（2）将“图层 1”命名为“橙体”。选择工具箱中的椭圆选框工具，在画布上绘制椭圆形选区，如图 7-86 所示。

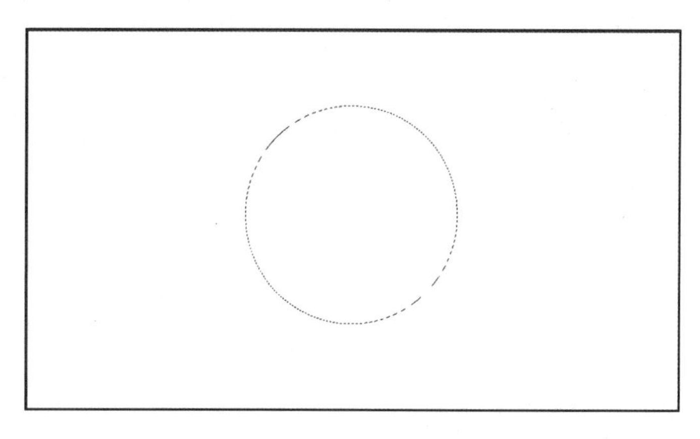

图 7-86　使用椭圆选框工具绘制椭圆形选区

（3）设置前景色为 #ffe3bc，背景色为 #f99411，选择工具箱中的渐变工具，在属性栏中单击“径向渐变”按钮，在选区中拖动鼠标指针给选区填充径向渐变颜色，效果如图 7-87 所示。

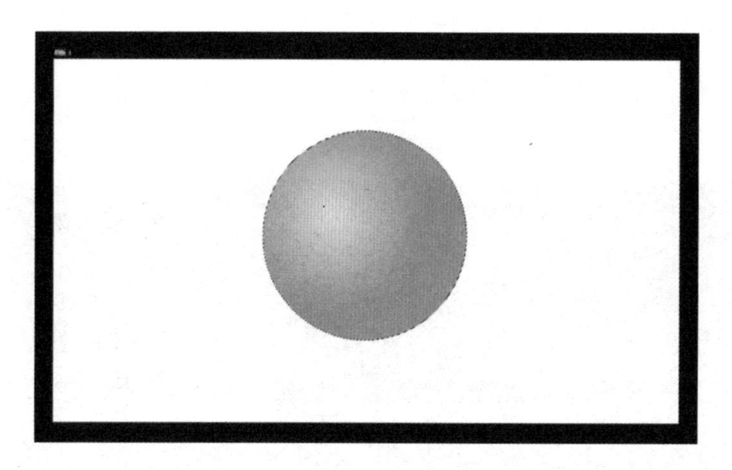

图 7-87　给选区填充径向渐变颜色后的效果

（4）选择“滤镜”→“滤镜库”命令，弹出滤镜库对话框，在“扭曲”滤镜组中选择“玻璃”滤镜，设置相应的参数，如图 7-88 所示，单击“确定”按钮。

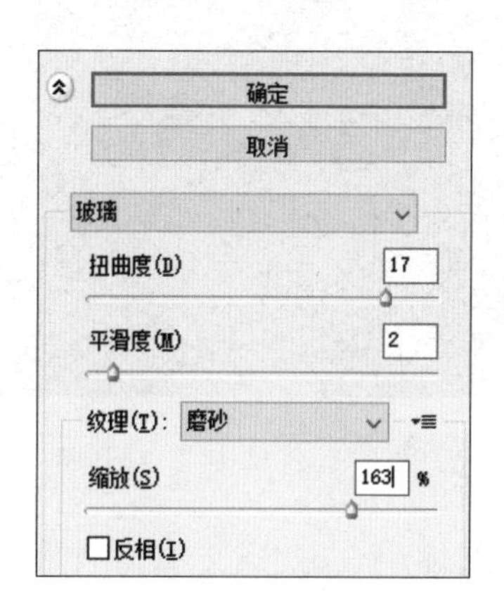

图 7-88　设置“玻璃”滤镜的参数

（5）单击“图层”面板中的“创建新图层”按钮，创建一个新图层，并将其命名为“橙蒂”。选择工具箱中的自由套索工具，在画布中绘制橙蒂形状的选区。设置前景色为 #747322，按快捷键 Alt+Delete 给选区填充前景色，效果如图 7-89 所示。

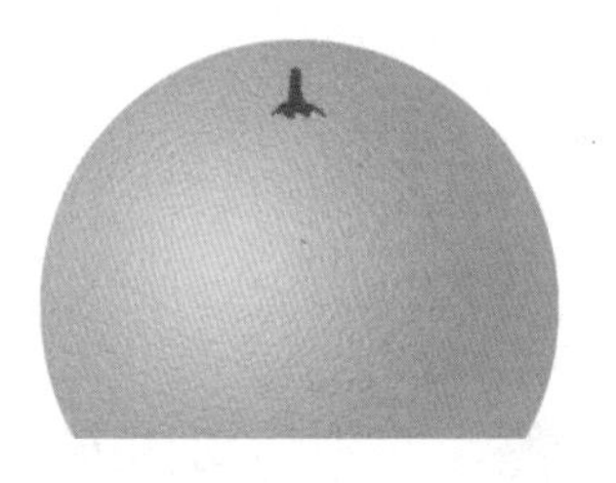

图 7-89　给橙蒂填充前景色后的效果

（6）选择工具箱中的加深工具，加深选区内的图像，效果如图 7-90 所示。选择工具箱中的减淡工具，减淡选区内的图像，效果如图 7-91 所示。

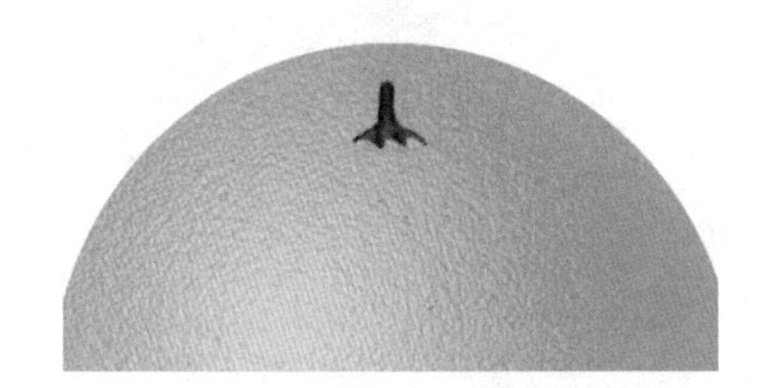

图 7-90　加深选区内的图像效果

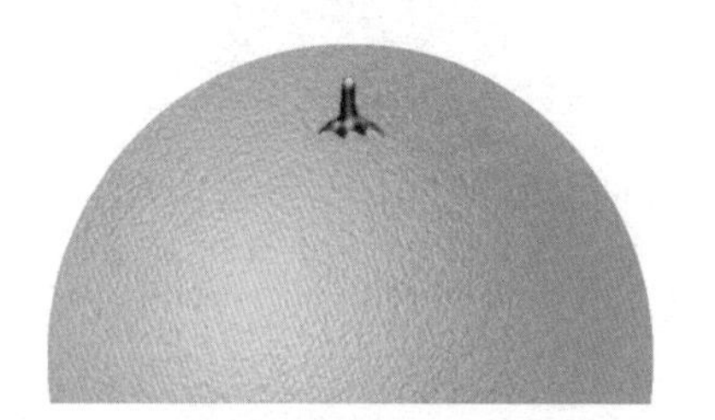

图 7-91　减淡选区内的图像效果

（7）选择“橙体”图层，选择工具箱中的加深工具，加深橙蒂处的效果如图 7-92 所示。选择工具箱中的减淡工具，减淡橙蒂处的效果如图 7-93 所示。

图 7-92　加深橙蒂处的效果

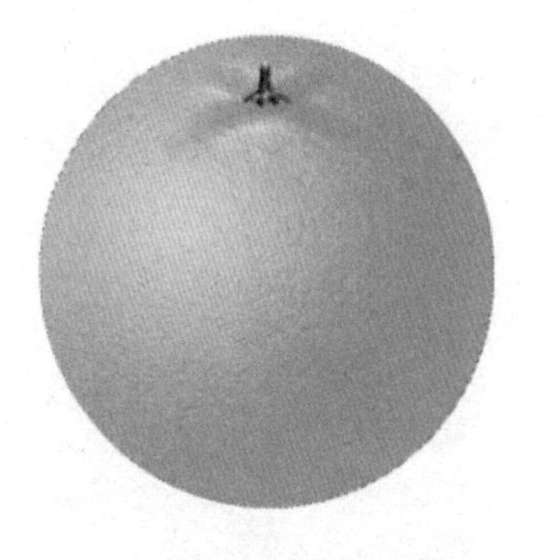

图 7-93　减淡橙蒂处的效果

（8）单击“图层”面板中的“创建新图层”按钮，创建一个新图层，并将其命名为“橙叶”。选择工具箱中的钢笔工具，在画布上绘制如图 7-94 所示的路径。按快捷键 Ctrl+Enter 将路径转换为选区，设置前景色为 #b5d534，背景色为 #1f984a，按快捷键 Alt+Delete 给选区填充前景色，效果如图 7-95 所示。

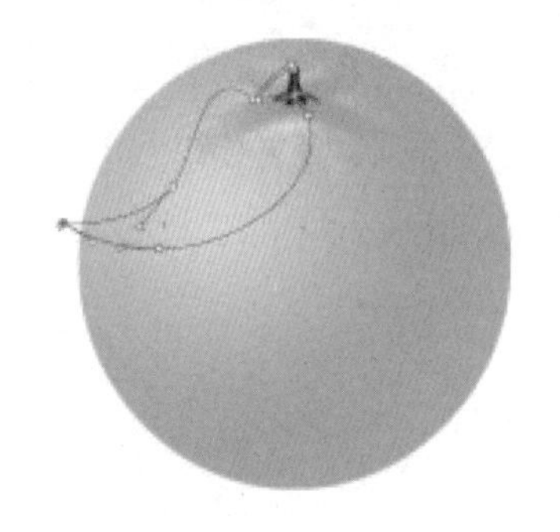

图 7-94 使用钢笔工具绘制路径（1）

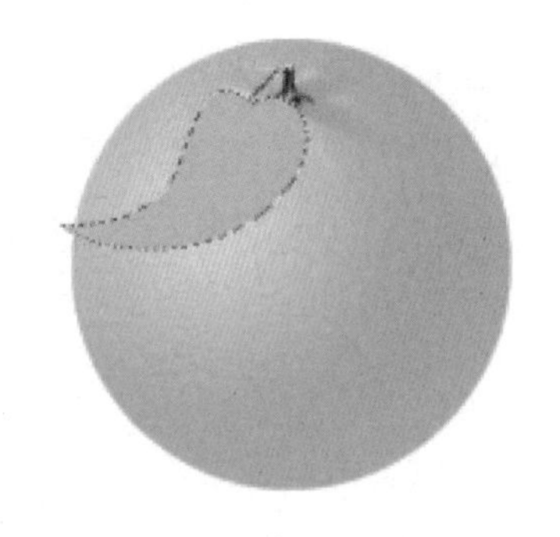

图 7-95 给选区填充前景色后的效果

（9）选择工具箱中的钢笔工具，绘制如图 7-96 所示的路径。按快捷键 Ctrl+Enter 将路径转换为选区。单击“图层”面板中的“锁定透明像素”按钮，选择工具箱中的渐变工具，在属性栏中单击“线性渐变”按钮，给选区填充线性渐变颜色，效果如图 7-97 所示。如果填充的线性渐变颜色效果不理想，则可以多填充几次，直到效果满意为止。

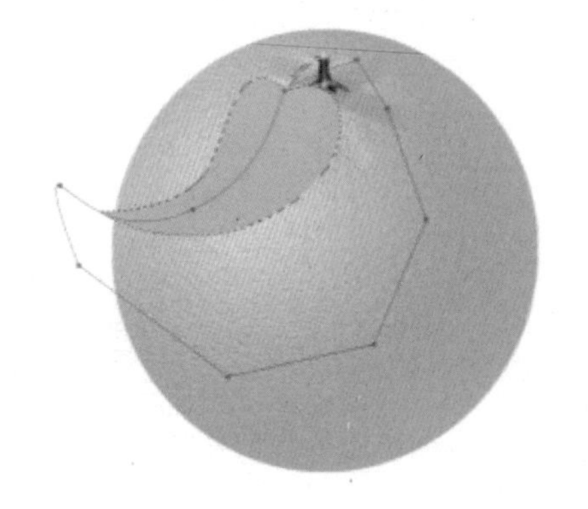

图 7-96 使用钢笔工具绘制路径（2）

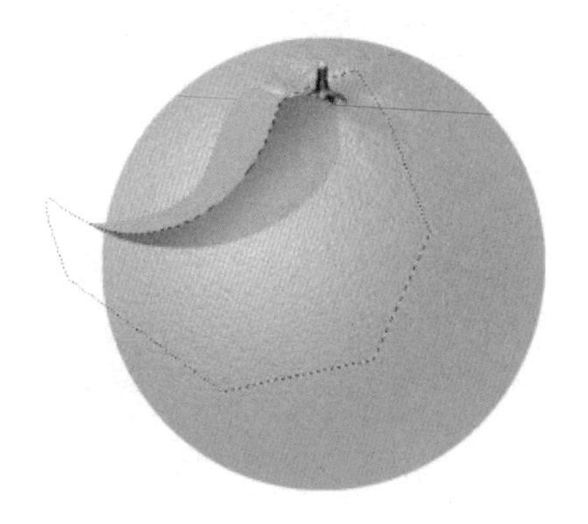

图 7-97 给选区填充线性渐变颜色后的效果

（10）按快捷键 Ctrl+Shift+I 对选区进行反向选取，选择工具箱中的渐变工具，给选区填充线性渐变颜色，效果如图 7-98 所示。取消选区，选择工具箱中的钢笔工具，绘制如图 7-99 所示的形状，作为橙叶的叶脉，按快捷键 Ctrl+Enter 将路径转换为选区。

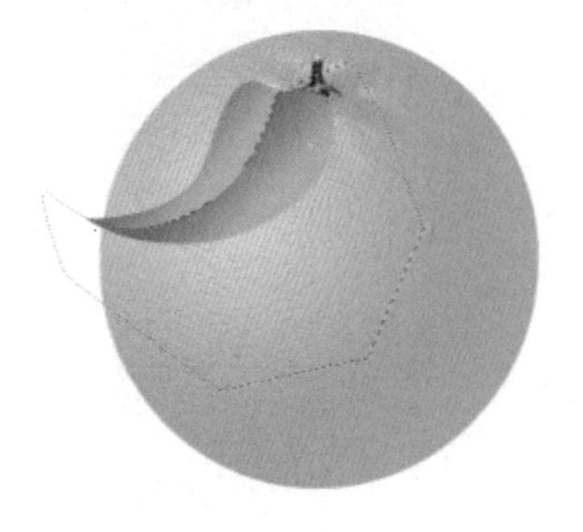

图 7-98 反向选取后给选区填充线性渐变颜色后的效果

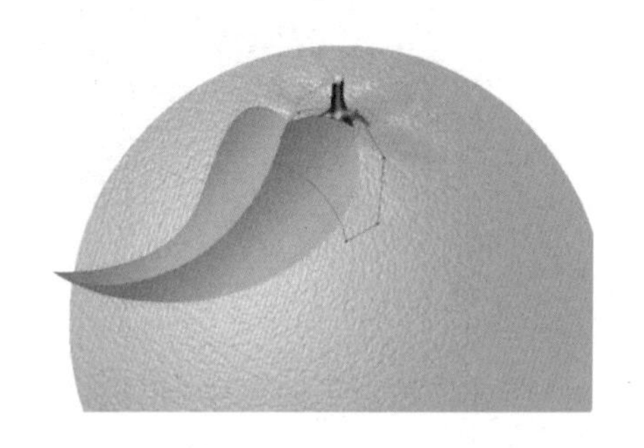

图 7-99 使用钢笔工具绘制橙叶的叶脉

（11）选择工具箱中的减淡工具，减淡选区内的图像，效果如图 7-100 所示。取消选区，选择工具箱中的钢笔工具，绘制如图 7-101 所示的叶脉路径形状，按快捷键 Ctrl+Enter 将路径转换为选区。

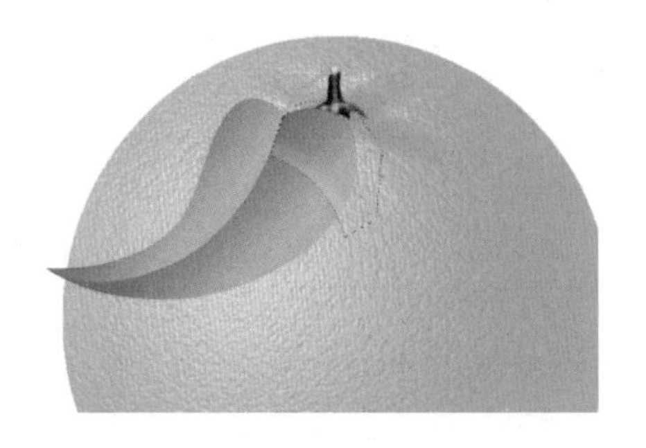

图 7-100　减淡选区内的图像效果

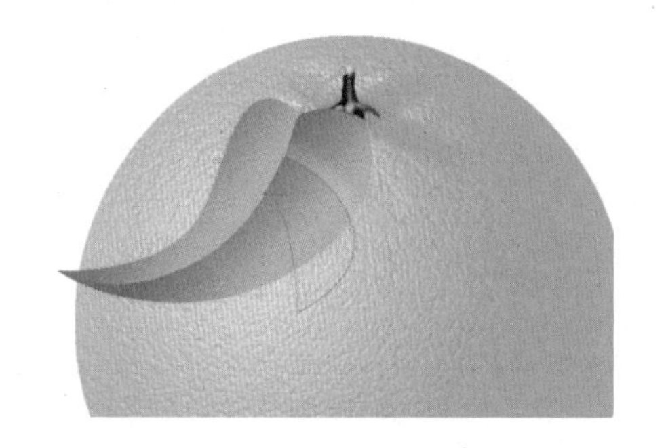

图 7-101　绘制叶脉路径形状

（12）选择工具箱中的减淡工具，减淡选区内的图像。使用同样的方法绘制另一半的叶脉，整个橙叶的叶脉效果如图 7-102 所示。

图 7-102　整个橙叶的叶脉效果

（13）选择工具箱中的涂抹工具，设置适当大小的画笔，轻涂橙叶与橙蒂的交界处，让其自然接合，效果如图 7-103 所示。按快捷键 Ctrl+E 将“橙体”图层、“橙蒂”图层、“橙叶”图层合并，按住快捷键 Ctrl+Alt，拖动鼠标指针将橙子再复制一个副本，调整副本图层的大小、方向及位置，给两个图层添加“投影”图层样式，并添加一个背景色，如图 7-104 所示。至此，橙子绘制完毕。

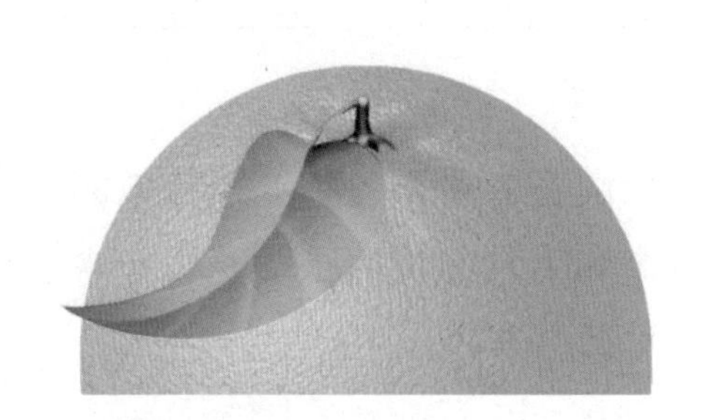

图 7-103　处理完后的橙叶效果

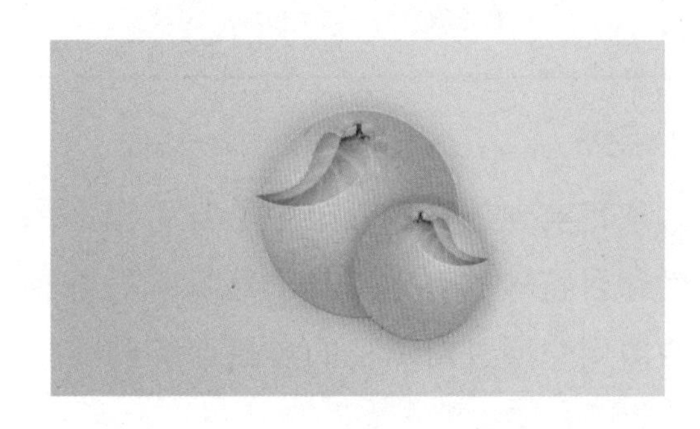

图 7-104　复制并调整橙子副本图层后的效果

实训 - 评价单

<table>
<tr><td>实训编号</td><td colspan="2">7- 任务 4（2）</td><td colspan="2">实训名称</td><td colspan="2">绘画艺术</td></tr>
<tr><td colspan="3">评价项目</td><td colspan="2">自评</td><td colspan="2">教师评价</td></tr>
<tr><td rowspan="3">课堂表现</td><td colspan="2">学习态度（20 分）</td><td colspan="2"></td><td colspan="2"></td></tr>
<tr><td colspan="2">课堂参与（10 分）</td><td colspan="2"></td><td colspan="2"></td></tr>
<tr><td colspan="2">团队合作（10 分）</td><td colspan="2"></td><td colspan="2"></td></tr>
<tr><td rowspan="2">技能操作</td><td colspan="2">玻璃滤镜的使用（30 分）</td><td colspan="2"></td><td colspan="2"></td></tr>
<tr><td colspan="2">加深工具、减淡工具的使用（30 分）</td><td colspan="2"></td><td colspan="2"></td></tr>
<tr><td>评价时间</td><td colspan="2">年　月　日</td><td colspan="2">教师签字</td><td colspan="2"></td></tr>
<tr><td colspan="7">评价等级划分</td></tr>
<tr><td colspan="2">项目</td><td>A</td><td>B</td><td>C</td><td>D</td><td>E</td></tr>
<tr><td rowspan="3">课堂表现</td><td>学习态度</td><td>在积极主动、虚心求教、自主学习、细致严谨上表现优秀</td><td>在积极主动、虚心求教、自主学习、细致严谨上表现良好</td><td>在积极主动、虚心求教、自主学习、细致严谨上表现较好</td><td>在积极主动、虚心求教、自主学习、细致严谨上表现尚可</td><td>在积极主动、虚心求教、自主学习、细致严谨上表现不佳</td></tr>
<tr><td>课堂参与</td><td>积极参与课堂活动，参与内容完成得很好</td><td>积极参与课堂活动，参与内容完成得好</td><td>积极参与课堂活动，参与内容完成得较好</td><td>能参与课堂活动，参与内容完成得一般</td><td>能参与课堂活动，参与内容完成得欠佳</td></tr>
<tr><td>团队合作</td><td>具有很强的团队合作能力、能与老师和同学进行沟通交流</td><td>具有良好的团队合作能力、能与老师和同学进行沟通交流</td><td>具有较好的团队合作能力、尚能与老师和同学进行沟通交流</td><td>具有与团队进行合作的能力、与老师和同学进行沟通交流的能力一般</td><td>不具有与团队进行合作的能力、不能与老师和同学进行沟通交流</td></tr>
<tr><td rowspan="2">技能操作</td><td>玻璃滤镜的使用</td><td>能独立并熟练地完成</td><td>能独立并较熟练地完成</td><td>能在他人提示下顺利完成</td><td>能在他人帮助下完成</td><td>未能完成</td></tr>
<tr><td>加深工具、减淡工具的使用</td><td>能独立并熟练地完成</td><td>能独立并较熟练地完成</td><td>能在他人提示下顺利完成</td><td>能在他人帮助下完成</td><td>未能完成</td></tr>
</table>

技术点评

从本项目实现的案例效果中不难看出，图层样式、渐变效果与各种滤镜特效的使用，是产生绚烂夺目特效的有效工具。熟练掌握各种菜单命令和工具的使用是提高设计水平的前提条件，希望用户通过对项目的实战训练，能举一反三，循序渐进。

技能检测

（1）将火焰文字效果案例中应用了波纹滤镜的 RGB 颜色模式图像直接转换为索引颜色

模式图像（即不转换为灰度模式），看一看制作出来的效果与原制作方法所产生的效果有何不同。

（2）首先在图像中新建一个图层，然后在该图层上绘制一个填充了颜色的椭圆形对象，按快捷键 Ctrl+T 自由旋转一定的角度，试一试按快捷键 Ctrl+Shift+Alt+T 会产生什么样的效果。

（3）首先在黑色的背景图层上绘制一个白色的圆形，选择“风格化”滤镜组下的“风”滤镜；然后在白色的背景图层上绘制一个黑色的圆形，选择“风格化”滤镜组下的“风”滤镜。比较在这两种情况下产生的效果有何不同。

反侵权盗版声明

举报电话：（010）88254396；（010）88258888

传　　真：（010）88254397

E-mail：　dbqq@phei.com.cn

通信地址：北京市万寿路 173 信箱

　　　　　电子工业出版社总编办公室

邮　　编：100036